BIBLIOTHÈQUE DES ACTUALITÉS INDUSTRIELLES — N° 166

ALBUM DE PLANS DE POSE POUR L'INSTALLATION DE LA FORCE PAR L'ÉLECTRICITÉ

PAR

H. DE GRAFFIGNY

INGÉNIEUR CIVIL

PARIS

Librairie Bernard TIGNOL

GAUTHIER-VILLARS et Cie, Successeurs

55 *bis*, Quai des Grands-Augustins (VIe)

1922

EN VENTE A LA MÊME LIBRAIRIE

Manuel pratique du Téléphone, 1re partie. — Installations privées. — Téléphone. — Microphone et Radiophone, par Théodore SCHWARTZE. — 4e édition française, par S. FOURNIER et D. TOMMASI. — 1 vol. in-16, avec 153 figures dans le texte. Prix .... **8 fr.** »

2e PARTIE. — Traité de Téléphonie. — Installations industrielles à grandes distances, par le Dr V. WIETLISBACH. — 1 vol. in-16, avec 153 figures dans le texte.. **8 fr.** »

L'Horlogerie électrique, par A. TOBLER, professeur à l'École Polytechique de Zurich. — 2e édition française, revue et augmentée, par L. DE BELFORT DE LAROQUE, ingénieur civil. — 1 vol. in-16, avec 65 figures dans le texte. Prix............ **6 fr.** »

Les Piles électriques et les Piles thermo-électriques, par W. HAUCK. — 3e édition française, par G. FOURNIER, ingénieur-électricien. 1 fort vol. in-16 orné de 71 figures dans le texte. — Prix.. **9 fr.** »

Manuel pratique de Traction des Tramways électriques, par Georges DAUSSY, chef de l'exploitation des tramways de Toulon, in-8°, planches et figures. Cartonné toile anglaise. — Prix... **10 fr.** »

Les lampes électriques. Régulateurs. — Incandescence. — Par P. D'URBANITZKI. — Deuxième édition française, revue et augmentée, par Georges FOURNIER, ingénieur-électricien. — Un beau volume in-16 de 250 pages avec 126 figures dans le texte. — Prix.. **9 fr.** »

Manuel pratique de Télégraphie sans fil. — Notions de mécanique. — Électricité statique. — Etude sommaire du courant électrique utilisé en T. S. F. — Principaux appareils communs à l'électricité ordinaire et à la T. S. F. — Télégraphie. — Téléphonie. — Télégraphie sans fil. — Généralités. — Appareils et postes de réception. — Conduite et entretien d'un poste de T. S. F.. par J. GALOPIN, ingénieur civil, directeur de l'École des mécaniciens de la Marine marchande de la Rochelle. — 1 volume in-16 de 366 pages et 218 figures. — Prix........................ **13 fr. 50**

INTRODUCTION

Le présent album est le quatrième et dernier d'une série de plans et projets d'installations concernant les applications de l'énergie électrique aux besoins de l'industrie. Les trois premiers, publiés avant 1914, sont consacrés aux sonnettes, aux téléphones et à l'éclairage ; celui-ci est réservé à la force et il complète la collection qui comporte ainsi, en quatre volumes près de 140 plans.

Restant fidèle à la méthode d'expositon que nous avons adoptée pour la rédaction de nos ouvrages de vulgarisation scientifique et professionnelle, nous procédons encore en passant du plus simple au plus compliqué selon les différents cas de la pratique. Les usages du courant continu sont d'abord passés en revue, puis les courants alternatifs à basse puis à haute tension avec et sans transformation, enfin les applications à la traction.

Nous adresserons nos sincères remerciements aux puissantes firmes de constructions mécaniques françaises qui ont bien voulu, en nous communiquant leurs plans de réseaux de distribution, faciliter notre travail et nous donner des exemples de distribution et d'agencement de stations génératrices pourvues de tout l'appareillage moderne le plus perfectionné.

Ainsi composée, nous espérons que cette dernière partie sera accueillie avec la même faveur que celles précédemment publiées, et que les personnes qui la consulteront y trouveront les idées de combinaisons de circuits répondant aux diverses nécessités de la pratique en ce qui concerne l'alimentation des moteurs électriques à courant continu ou alternatif. Cet album pourra ainsi constituer un guide de quelque utilité pour ceux qui ont à agencer des stations ou des réseaux de distribution d'énergie motrice pour usages particuliers ou publics, en leur montrant comment les appareils de commande ou récepteurs doivent être agencés dans les circuits.

TABLE DE L'OUVRAGE

LÉGENDE EXPLICATIVE

des signes conventionnels et symboles de la planche I

en usage dans les schémas

1. Conducteur parcouru par un courant continu.
2. Conducteur parcouru par un courant alternatif.
3. Indicateur de sens de circulation du courant.
4. Dispositif de polarisation magnétique (magnéto).
5. Ampèremètre. 6. Voltmètre. 7. Wattmètre.
8. Ampèremètre enregistreur. 9. Wattheure-mètre enregistreur.
10. Compteur. 11, 12, 13. Interrupteurs uni, bi, tripolaires.
14. Inverseur de courant. 15. Disjoncteur. 16. Réducteur.
17. Coupe-circuit à fil fusible. 18. Parafoudre à dents.
19. Plaque de terre. 20. Rhéostat d'excitation. 21. de démarrage.
22. Résistance fixe. 23. Résistance réglable.

Signes conventionnels de la planche II

1. Cuve à huile. 2. Résistance liquide fixe.
3. Rhéostat liquide. 4. Bobine de self-induction.
5. Bobine à noyau magnétique. 6. Electro-aimant.
7. Dispositif de haute tension. 8. Sectionneur amovible.
9. Eléments de piles. 10. Batterie d'accumulateurs.
11. Dynamo avec excitation en série.
12. Dynamo avec excitation en dérivation (shunt).
13. Dynamo compound. 14. Alternateur monophasé.
15. Alternateur triphasé à trois fils. 16. à quatre fils.
17. Alternateur en triangle. 18. en étoile.
19. Moteur asynchrone triphasé.
20. Transformateur de courant monophasé.
21. Transformateur triphasé en triangle. 22. en étoile.
23. Lampes à arc. 24. à incandescence.
25. Ligne à basse tension. 26. à haute tension.
27. Condensateur. 28. Jonction et croisement de fils.

Abréviations sur les plans

Ad. Accouplement direct. — *Réd.* Réducteur. — *Rht.* Rhéostat de charge. — *Lph.* Lampe de phase. — *Isc.* Indicateur de sens du courant. — *c. c.* Coupe-circuit. — *Dm.* Disjoncteur à déclanchement à maximum. — *Bob.* Bobine de self-induction.

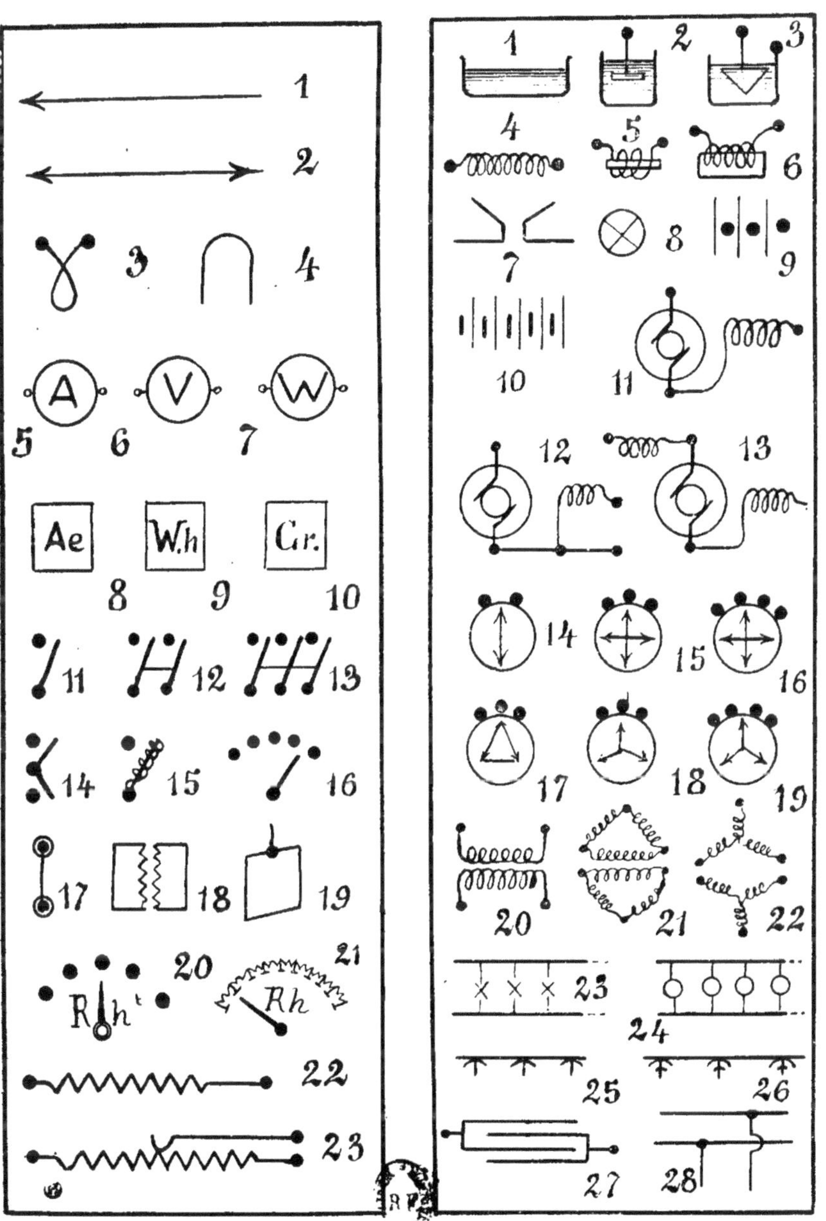

Fig. 1 et 2. — Symboles et signes conventionnels employés pour les schémas et plans de pose (voy. p. 9.)

PLANCHE 1

Génératrice et réceptrice à courant continu

C'est la disposition la plus simple que puisse présenter une installation de transport d'énergie à distance par l'électricité.

La station de départ comporte donc une génératrice *g*, excitée en série, avec les appareils de mesure indispensables : ampèremètre, voltmètre, coupe-circuit et interrupteur bipoloire. La station d'arrivée possède une réceptrice *m*, excitée de la même façon que l'autre, et un rhéostat de démarrage branché dans le circuit. Le courant produit est transporté sous une tension inférieure à 600 volts par une ligne le plus ordinairement sur poteaux avec conducteurs nus ou à isolement léger supportés par des isolateurs à cloche simple en porcelaine émaillée.

PLANCHE 1 *bis*

Deux réceptrices et branchement d'éclairage

La station de départ comprend une dynamo génératrice à basse tension enroulée en série mais pourvue d'une résistance réglable *r* agissant sur le champ magnétique. Le courant, après avoir traversé les appareils de sécurité, de mesure et de réglage est envoyé, à l'aide d'un commutateur à trois directions *a b c*, dans trois circuits, l'un pour l'éclairage, les autres desservant chacun une réceptrice distincte m^1 et m^2, pourvues de leur rhéostat de démarrage R*h*.

Dans cette disposition, les circuits sont indépendants et ne peuvent être alimentés simultanément. Ils sont pourvus chacun d'un interrupteur particulier pour le cas où l'on voudrait couper l'arrivée du courant et arrêter la réceptrice en mouvement ou éteindre toutes les lampes à la fois. Ces interrupteurs étant facultatifs n'ont pas été indiqués sur le dessin.

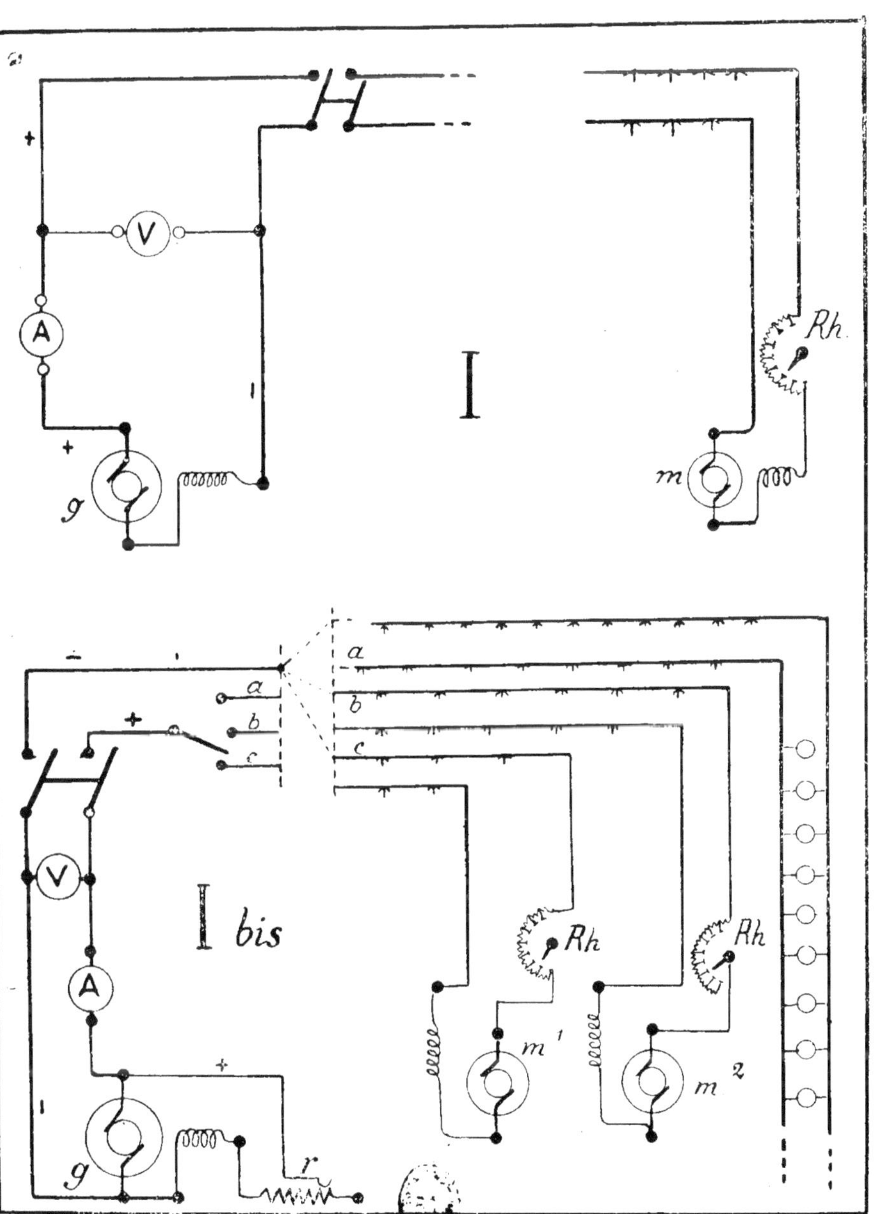

PLANCHE 1. — Génératrice et réceptrice à courant continu.
1 *bis*. — Deux réceptrices et un branchement d'éclairage.

PLANCHE 2

Charge d'une batterie d'accumulateurs par dynamo shunt

Ce schéma représente la disposition à donner à une station génératrice comportant une dynamo shunt à tension variable, accouplée à une batterie d'accumulateurs par l'intermédiaire d'un disjoncteur à maxima avec retour de courant. Cette génératrice peut fournir un voltage maximum assurant la charge de tous les éléments de la batterie et elle est branchée sur le réseau à desservir ou sur la batterie, selon le besoin, au moyen d'un interrupteur inverseur. Toutefois, il convient de se garder de toute fausse manœuvre, et éviter d'envoyer dans les circuits à alimenter un courant de tension excédant le chiffre normal.

Au cas où il ne serait pas indispensable de faire travailler la batterie, sur le réseau pendant que s'effectue la charge, il suffirait d'adjoindre à cette batterie un réducteur simple permettant d'ajouter un par un cinq éléments tenus en réserve, ce qui permet de maintenir le voltage normal dans les circuits d'alimentation.

Pour éviter la décharge de la batterie dans la dynamo, lorsque celle-ci débite un courant de tension inférieure à celle de l'ensemble des accus, il faut intercaler un conjoncteur-disjoncteur automatique coupant la communication lorsque la batterie présente une supériorité de voltage sur la dynamo et la rétablissant dès que le sens normal de circulation a repris.

PLANCHE 2 *bis*

Installation avec réducteur double

De même que dans le cas précédent, la charge de la batterie s'effectue en réunissant la totalité des éléments dont elle se compose, avec la dynamo génératrice. La seule différence consiste dans l'adjonction d'un réducteur double dont la présence donne la possibilité d'alimenter le réseau par la batterie en même temps que s'effectue la charge. Le réseau est donc maintenu sous une tension constante, malgré les variations de voltage de la batterie, disposition qui a son utilité pour la durée et la conservation des lampes.

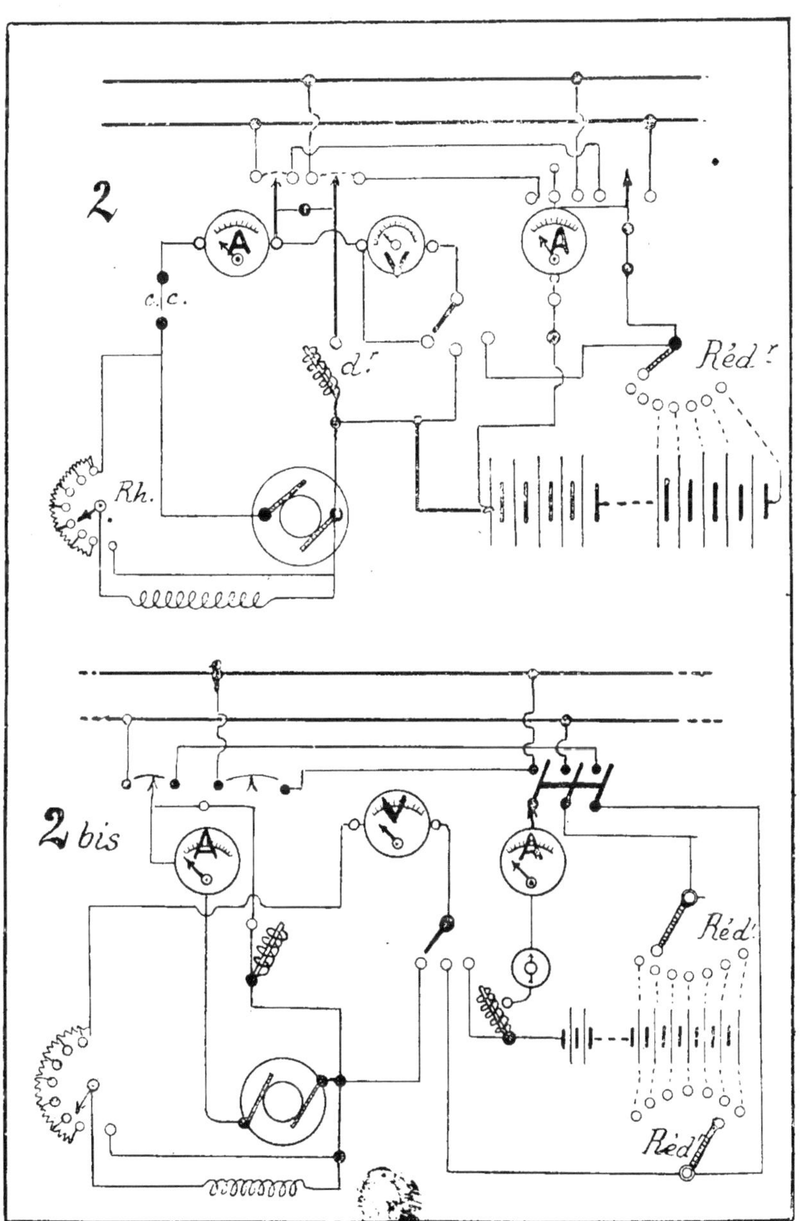

Planche 2. — Charge d'une batterie par dynamo shunt.
Pl. 2 *bis*. — Installation avec réducteur double.

PLANCHE 3

Montage de trois moteurs à courant continu

Le dessin montre l'alimentation simultanée de trois moteurs (ou davantage) à courant continu par génératrice à excitation shunt. Le réglage de la tension, à la station de départ, s'obtient par le jeu d'un rhéostat d'excitation mû à la main et comportant un plot neutre en rapport avec une des extrémités de l'enroulement inducteur de la dynamo, l'autre extrémité de cet enroulement étant reliée à la manette du rhéostat d'excitation,

On met, par cet agencement, en court-circuit les enroulements inducteurs en cas de rupture du courant, ce qui permet d'éviter les phénomènes de self-induction de rupture qui peuvent avoir des résultats fâcheux quand les bobines possèdent un grand nombre de spires.

Le voltmètre, dans cette disposition, doit être branché *avant* l'interrupteur afin d'indiquer la tension aux bornes de la génératrice, avant que celle-ci débite sur les barres d'où partent les fils de distribution et *après* le coupe-circuit, afin que la machine demeure malgré tout protégée contre un court-circuit pouvant survenir dans l'agencement électrique de la station. Au cas de courants de grande intensité, au coupe-circuit bipolaire peut être substitué avec avantage un disjoncteur unipolaire à déclanchement à maxima.

Les réceptrices sont des moteurs enroulés en dérivation ; elles peuvent donc fonctionner indépendamment les unes des autres, isolément ou toutes à la fois, ce qui fournit le plus de commodités et d'avantages dans la plupart des circonstances.

PLANCHE 3 *bis*

Montage de deux générateurs shunt

Dans l'agencement représenté par ce schéma, le départ des lignes de distribution de force s'opère sur des barres collectrices et chaque ligne est munie de son interrupteur spécial. Chacune de ces génératrices shunt, qui peuvent fonctionner en parallèle, est pourvue d'un disjoncteur-conjoncteur à déclanchement automatique à maximum *aa*, agissant lorsque le courant de l'une ou de l'autre génératrice vient à circuler en sens inverse du sens normal, ce qui pourrait détériorer les fils des enroulements ou tout au moins compromettre leur isolement par l'échauffement subi par le passage d'un courant trop intense: On évite ainsi qu'une des génératrices puisse envoyer son courant dans les enroulements de l'autre. Un unique voltmètre est suffisant et il est mis en rapport avec les deux sources de courant par un commutateur à deux directions et un plot mort.

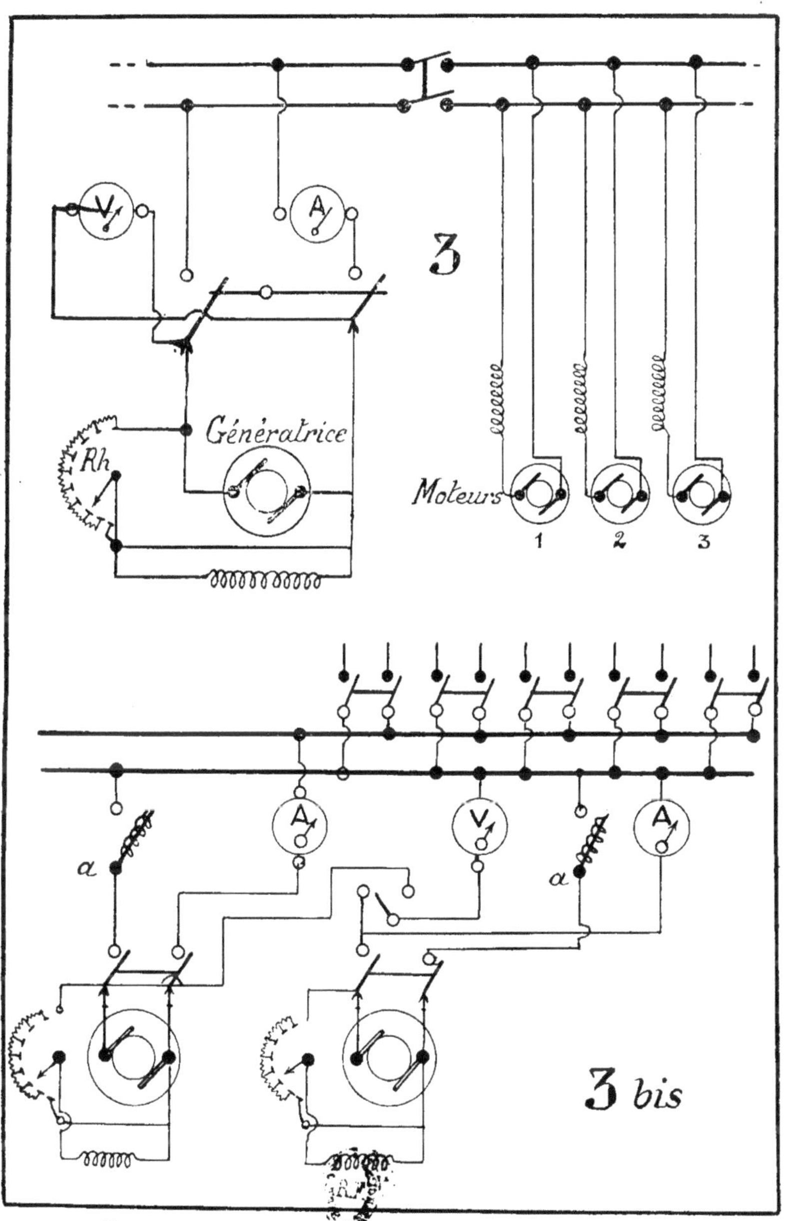

PLANCHE 3. — Montage de trois moteurs en dérivation.
PL. 3 *bis*. — Montage de deux génératrices shunt.

PLANCHE 4

Montage des appareils de mesure

Les dessins de cette page sont relatifs au montage d'appareils de mesure enregistreurs et compteurs, sur des réseaux de transport de force par courant triphasés.

Dans notre schéma n° 4, un seul petit transformateur d'intensité Tr *int.*, suffit pour l'alimentation d'un compteur G*r*, d'un ampèremètre enregistreur A*e*, et l'enroulement en série d'un wattmètre enregistreur W*e*. Un transformateur de tension T*r*. *t* est toutefois nécessaire pour alimenter les enroulements à fil fin du wattmètre et du compteur. La borne *a* du primaire de ce transformateur est reliée avec un fil 2 ou 3, où les valeurs sont plus élevées que sur le fil 1.

PLANCHE 4 *bis*

Montage en circuit d'un wattmètre

Ce schéma est relatif au montage d'un wattmètre-enregistreur système Ferraris pour courants triphasés de basse tension et à ponts équilibrés. L'enroulement en série de l'appareil est traversé par le courant de l'une quelconque des trois phases, alors que l'enroulement à fil fin est monté en dérivation sur une phase. Si la distribution s'opérait, non plus à basse, mais à haute tension, il faudrait que les enroulements en série et en dérivation fussent joints au réseau, l'un par un transformateur d'intensité et l'autre par un transformateur de tension.

PLANCHE 4 *ter*

Montage d'un wattmètre sur circuit à haute tension triphasé

Cette figure représente le montage à adopter dans la disposition qui vient d'être énoncée, c'est-à-dire pour le montage d'un wattmètre enregistreur Ferraris sur un réseau de transport d'énergie à haute tension par courants alternatifs triphasés et ponts équilibrés. Le transformateur de tension *a* est relié au fil fin et le transformateur d'intensité *b* au gros fil de l'appareil enregistreur.

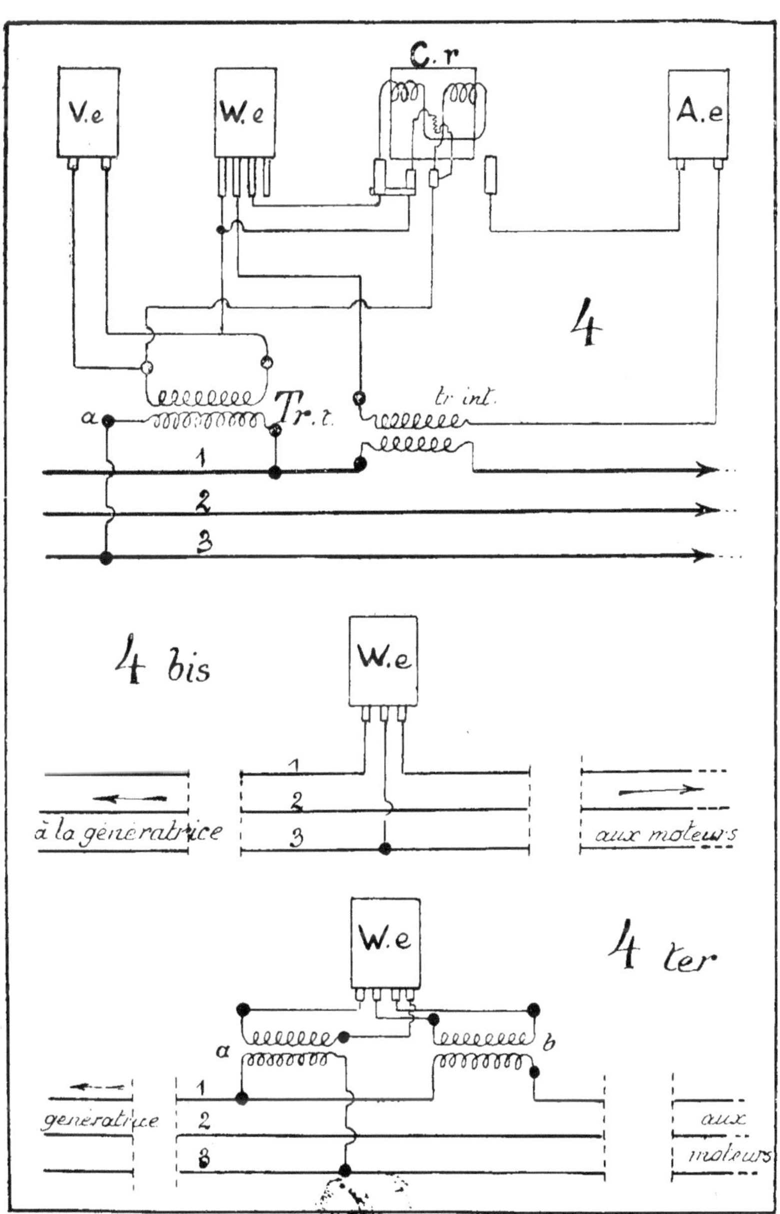

PLANCHE 4. — Montage d'appareils de mesure ; PL. 4 *bis*. — Montage d'un wattmètre ; PL. 4 *ter*. — Montage sur circuit à haute tension.

PLANCHE 5

Mise en marche d'un moteur à gaz par le courant de la station

Nous avons représenté dans ce schéma l'agencement à donner aux appareils pour répondre aux nécessités de service suivantes :

Une station d'électricité pour distribution d'éclairage ou de force motrice est actionnée par un moteur à gaz, et la mise en marche de cette machine doit être opérée par le courant. Cette station comprend également une batterie d'accumulateurs chargée par un survolteur recevant son mouvement d'un moteur électrique. La génératrice est alimentée par le survolteur pour assurer le démarrage du moteur à gaz, et le moteur entraînant le survolteur reçoit son courant de la batterie.

Il faut donc prévoir un interrupteur-inverseur sur le circuit de cette batterie, l'une des positions de la manette correspondant à la charge ou à la décharge suivant la position de l'interrupteur-inverseur du circuit principal de la dynamo, l'autre position correspondant à la mise en route de la machine motrice à gaz. La génératrice est commandée alors comme réceptrice par le jeu d'un rhéostat de démarrage intercalé dans le circuit allant à la batterie, mais il est bon d'observer qu'il faut alors que l'interrupteur-inverseur du circuit principal de la génératrice soit ouvert.

La batterie est pourvue d'un réducteur double pour la charge et la décharge simultanées, d'un indicateur de sens de courant, d'un coupe-circuit et d'un interrupteur bipolaires. Le survolteur est muni d'un conjoncteur-disjoncteur automatique à maximum et d'un rhéostat. La dynamo génératrice, à enroulement shunt, possède également dans son circuit, avec son rhéostat d'excitation, un coupe-circuit et un interrupteur bipolaires placés avant le disjoncteur et l'ampèremètre. Le voltmètre est relié, par un commutateur à quatre directions, à la batterie, à la dynamo-génératrice, au survolteur et au réseau. Suivant le plot sur lequel la manette est appuyée, on peut donc connaître la valeur atteinte par le voltage en ces différents points de la station.

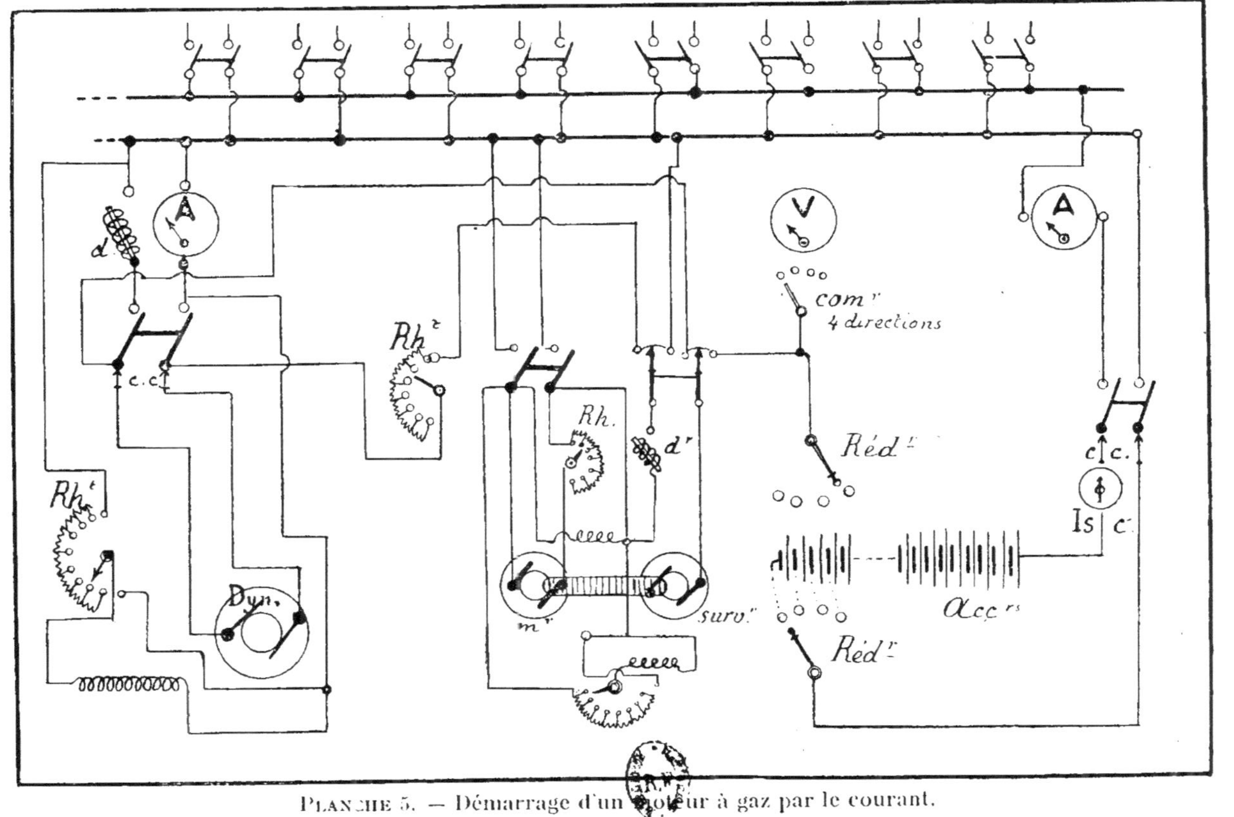

PLANCHE 5. — Démarrage d'un moteur à gaz par le courant.

PLANCHE 6

Deux génératrices shunt sur distribution à trois fils

Il arrive fréquemment qu'il soit nécessaire, lorsque la distance à franchir est un peu grande ou que la quantité d'énergie à transporter est assez considérable, que l'on se trouve obligé d'élever la tension du courant pour n'avoir pas à employer des conducteurs de trop fort diamètre et par suite d'un prix fort élevé. On peut doubler le chiffre de la tension simplement en employant un troisième fil de distribution intermédiaire entre deux dynamos génératrices accouplées en tension. Si chacune de ces machines fonctionne pour fournir une tension normale de 110 volts, on aura donc 220 volts entre les deux fils extrêmes. On emploie ainsi jusqu'à cinq fils, formant quatre ponts de 110 volts, soit 550 volts entre les conducteurs extrêmes.

Dans le schéma suivant, nous représentons deux génératrices à enroulement shunt, associées en série pour l'alimentation des deux ponts dans une distribution à trois fils, disposition que l'on rencontre fréquemment dans la pratique et qui est en quelque sorte classique.

L'excitation est montée sur le même pont pour les deux machines. En raison de cette disposition, les variations de la tension dans ces deux unités sont à peu près les mêmes puisqu'elles sont en rapport avec les variations de la charge dans ce même pont. Les deux lignes de transport et de distribution sont branchées de la manière ordinaire sur les barres collectrices par l'intermédiaire d'interrupteurs tripolaires, dont chaque lame est en rapport avec un fil de la distribution.

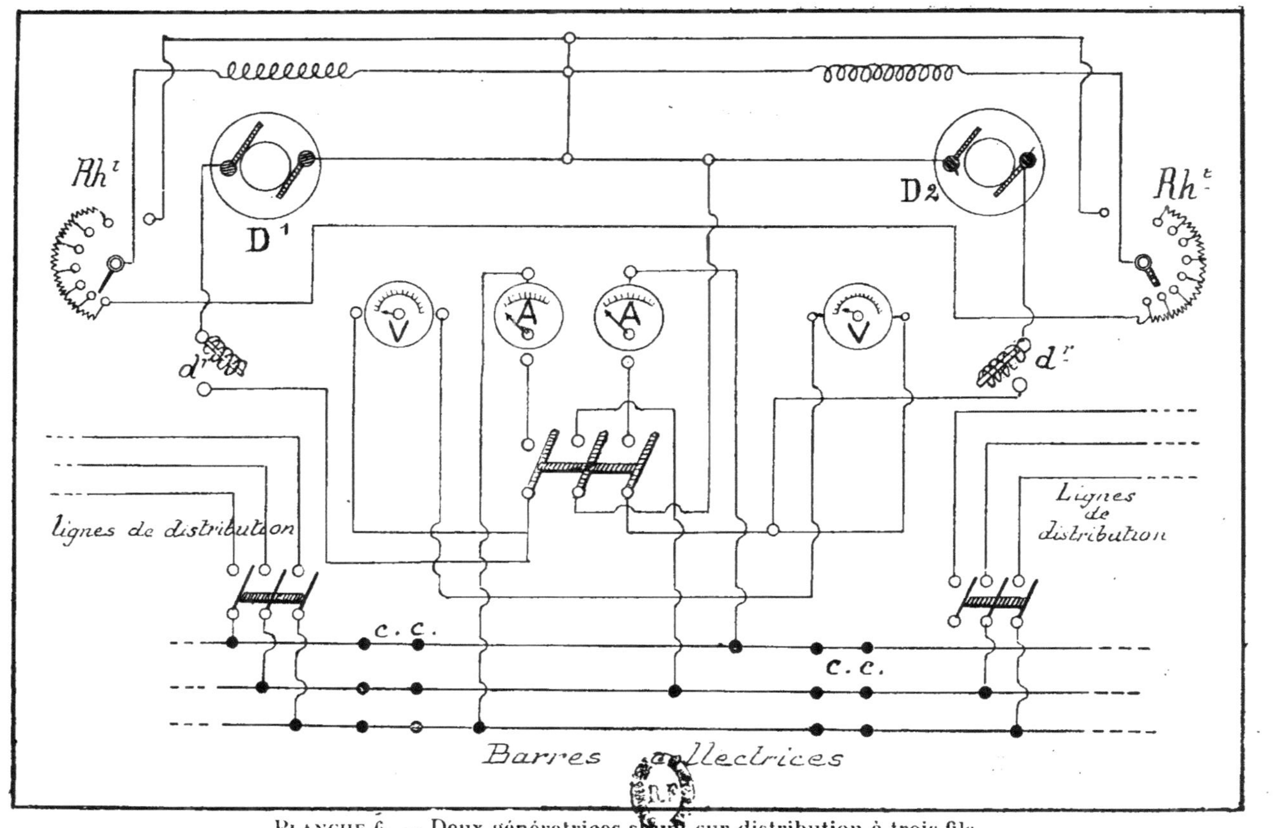

PLANCHE 6. — Deux génératrices shunt sur distribution à trois fils.

PLANCHE 7

Distribution de force motrice électrique

Au lieu d'avoir à fabriquer soi-même sur place l'énergie électrique dont on peut avoir besoin dans une industrie, il se peut que l'on ait avantage, bien que, dans ce cas, le prix de cette énergie, soit plus élevé, comme cela s'explique, à emprunter le courant à un secteur de distribution. Nous nous trouvons alors dans des circonstances analogues à celles envisagées dans notre schéma n° 7.

Le courant continu est donc envoyé d'une station centrale par des câbles souterrains, et la prise est opérée par une boîte de jonction A d'où sortent les câbles conducteurs de dérivation se rendant à un regard B contenant le coupe-circuit général et autres appareils de sécurité selon la tension du courant. De cette boîte cylindrique en fonte part la colonne montante desservant les divers étages de l'immeuble.

Nous avons supposé dans ce schéma que le rez-de-chaussée est occupé par une imprimerie dont les machines sont actionnées par des moteurs électriques individuels M^1, M^2, M^3, pourvus chacun de leur coupe-circuit, de leur interrupteur et de leur rhéostat de démarrage particuliers. Avant de pénétrer dans la pièce, le courant traverse un compteur enrégistrant la consommation d'énergie, et un coupe-circuit de branchement.

Au premier étage, il n'y a qu'une seule réceptrice agencée comme celles du rez de-chaussée, avec le même appareil. Cette réceptrice commande par courroie un arbre de transmission suspendu au plafond par des chaises pendantes, et cet arbre porte de place en place le nombre de poulies, du diamètre voulu pour entraîner les machines réparties dans les diverses pièces de cet étage.

Au deuxième étage, nous retrouvons la même disposition qu'au rez-de-chaussée : une série de réceptrices (moteurs enroulés en shunt) disposés en dérivation sur la ligne de distribution. Comme au rez-de-chaussée et au premier, chaque réceptrice est pourvue des appareils de manœuvre, de sécurité et de réglage indispensables, lesquels sont branchés ainsi qu'il est indiqué sur le dessin. Il suffit toutefois d'un seul compteur pour toute la série de réceptrices contenues à chaque étage.

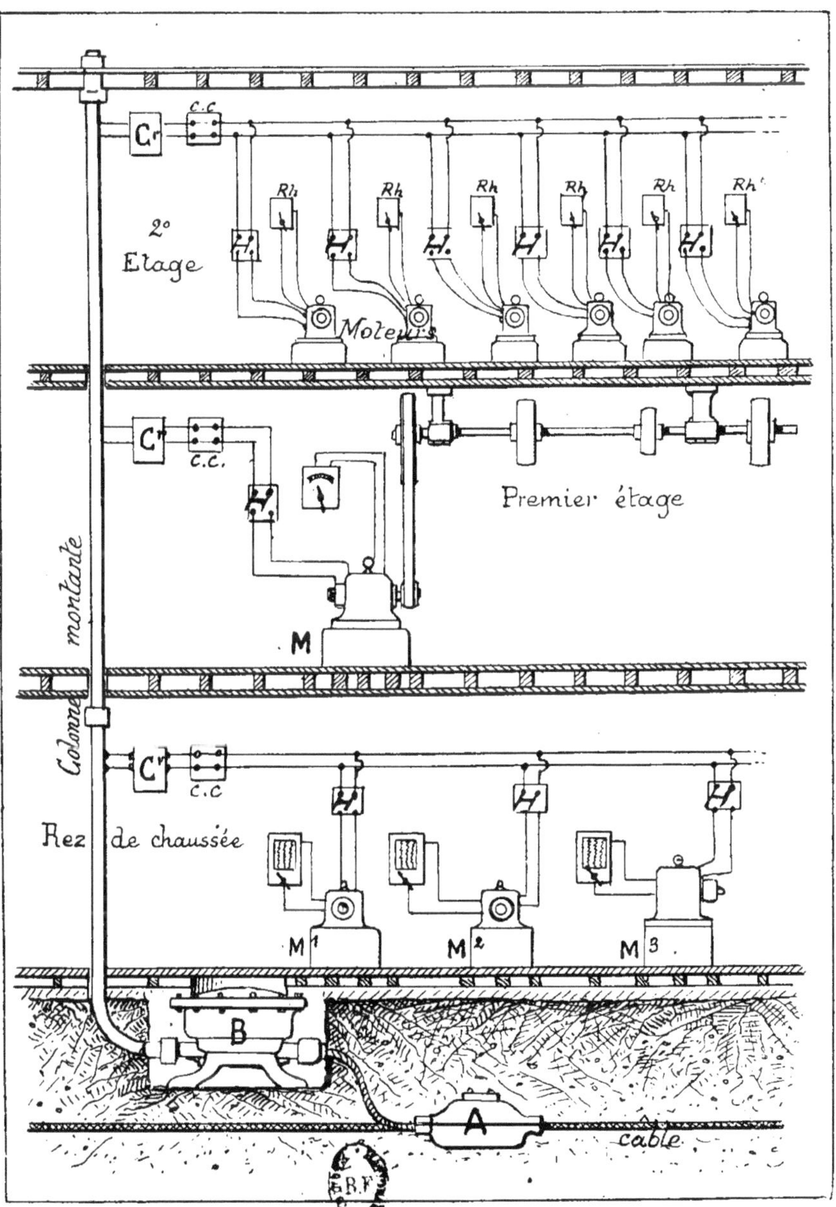

PLANCHE 7. — Distribution de force motrice électrique dans un immeuble.

PLANCHE 8

Station électrique à moteur à vent

Nous supposons, dans ce plan, une petite station génératrice particulière ayant pour moteur une turbine atmosphérique ou *éolienne* de puissance variant entre un quart de cheval et 3 ou 4 chevaux au plus.

La transmission du mouvement de rotation de la roue à palettes constituant la turbine à vent est ordinairement transmis à un arbre de transmission horizontal agencé au plafond de la salle des machines, par un double harnais d'engrenages d'angle disposés aux deux extrémités d'un arbre vertical maintenu par la charpente métallique du pylone au sommet duquel est installé le moulin.

La vitesse moyenne de rotation étant d'un tour à la seconde, le rapport des deux pignons commandés en haut et en bas de l'arbre est de 1 à 2, si bien que l'arbre de commande horizontal tourne à 240 tours par minute.

Un embrayage à cône intérieur E, analogue aux embrayages d'automobiles et commandé depuis le sol par un levier et une chaîne, rend solidaires ou indépendants à volonté les deux arbres. Lorsque le cône est serré, il entraîne la poulie 1, dont le diamètre est calculé en rapport avec celui de la dynamo pour communiquer à l'armature induite de celle-ci la vitesse voulue et donner les constances de débit et de voltage fixées par le constructeur.

Si la puissance développée par le moulin est suffisante, un régulateur à boules (non figuré sur le plan) commande automatiquement un embrayage métallique *g* qui entraîne alors une autre poulie 2 commandant une deuxième dynamo identique à l'autre. Quand la force développée est insuffisante, le régulateur met automatiquement la dynamo 2 hors circuit. Par cette disposition, on peut employer soit la dynamo 1 seule, soit celle n° 2 seule en bloquant l'embrayage et en enlevant la courroie de la poulie 1.

La station comporte de toute nécessité, avec un moteur à vent, une batterie d'accumulateurs pouvant fonctionner soit en parallèle soit seule, les dynamos étant arrêtées. Cette batterie est pourvue d'un réducteur simple pour maintenir la constance de la tension dans les circuits extérieurs pendant la décharge.

Le tableau de distribution, figuré à droite du plan, comprend donc les deux circuits amenant le courant des dynamos, avec les interrupteurs *d* et *e*, les deux coupe-circuits *cc*, le réducteur R et le disjoncteur-conjoncteur D*r* empêchant la batterie de se décharger dans la dynamo quand son voltage est supérieur à celui des génératrices. Sur les barres collectrices BT sont branchés le voltmètre V, l'ampèremètre A, la lampe-témoin *lt* enfin la ligne de transport de force F et les trois lignes de distribution de lumière *abc*, pourvus chacun d'un bouton-interrupteur et de coupe-circuits.

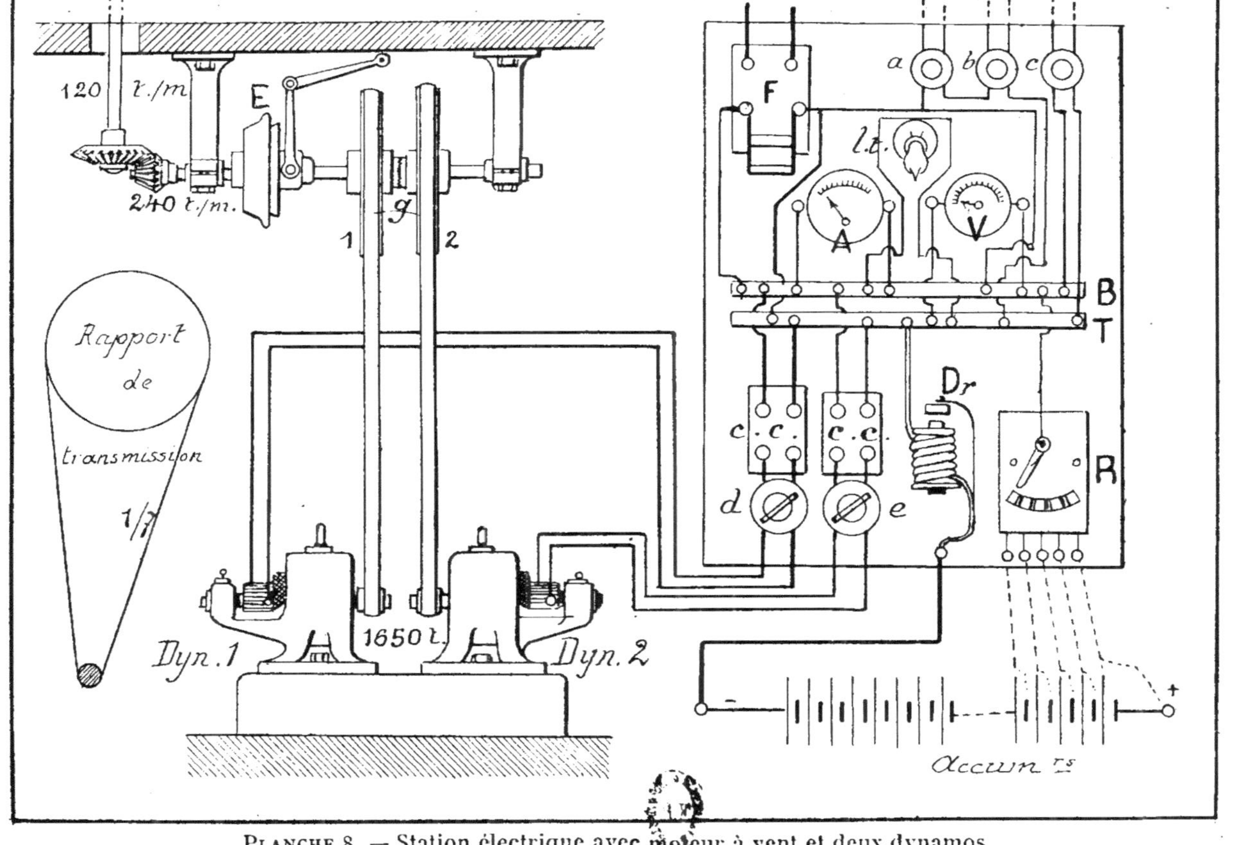

PLANCHE 8. — Station électrique avec moteur à vent et deux dynamos.

PLANCHE 9

Agencement d'une petite station hydro-électrique

Nous étudions ici l'agencement qu'il convient de donner à une petite station hydro-électrique à accumulateurs, figurée en plan à gauche du dessin, genre d'équipement que l'on rencontre fréquemment et qui devrait se multiplier partout où l'on peut créer un barrage ou établir une chute avec un débit sufisant pour alimenter une turbine.

Comme le montre la figure, le moteur hydraulique est une turbine à axe vertical entraînant par engrenage conique, poulie et courroie une dynamo génératrice D. Pour obtenir la vitesse de rotation normale, la dynamo est commandée, non pas directement par la turbine, mais par un renvoi de transmission, l'arbre étant soutenu par trois chaises de support fixées au mur de refend divisant le bâtiment en deux parties : la salle des machines et la salle des accumulateurs.

En supposant qu'en période d'eaux moyennes la puissance développée soit de 12 chevaux-vapeur ou 900 kilogrammètres par seconde, la dynamo fournira 8 kilowatts et le débit, si le transport s'opère sous une tension de 220 volts, en raison de la nécessité d'alimenter un circuit d'éclairage, sera de 36 ampères. La section des conducteurs sera calculée selon la distance à franchir entre les deux points de départ et d'arrivée de l'énergie, la perte de charge consentie entre ces deux points et le poids de cuivre que l'on consent pour la ligne.

La batterie d'accumulateurs sera disposée dans une salle spéciale entièrement séparée de l'autre pour éviter que le dégagement des gaz à la fin de la charge ne rouille les métaux. Les éléments sont disposés sur deux rangées superposées et accotées de 11 bacs chacune. Les madriers constituant les supports sont enduits d'une couche de goudron pour éviter que le bois ne soit rapidement rongé par l'acide. Le sol sera revêtu d'un carrelage, que l'on peut laver fréquemment, et les murs porteront également un revêtement inattaquable.

Le tableau de distribution, fixé au mur de la salle des machines, en pleine lumière, est représenté à plus grande échelle à droite du dessin. Il porte le rhéostat d'excitation de la génératrice, le réducteur simple de la batterie, le conjoncteur-disjoncteur dont le rôle a déjà été expliqué et un commutateur à deux directions envoyant le courant de la dynamo soit dans la batterie soit dans le circuit extérieur. L'ampèremètre demeure constamment branché dans le circuit général et le voltmètre est pourvu d'un interrupteur simple. Le circuit 1 est la ligne de transport de force et le circuit 2 la ligne d'éclairage.

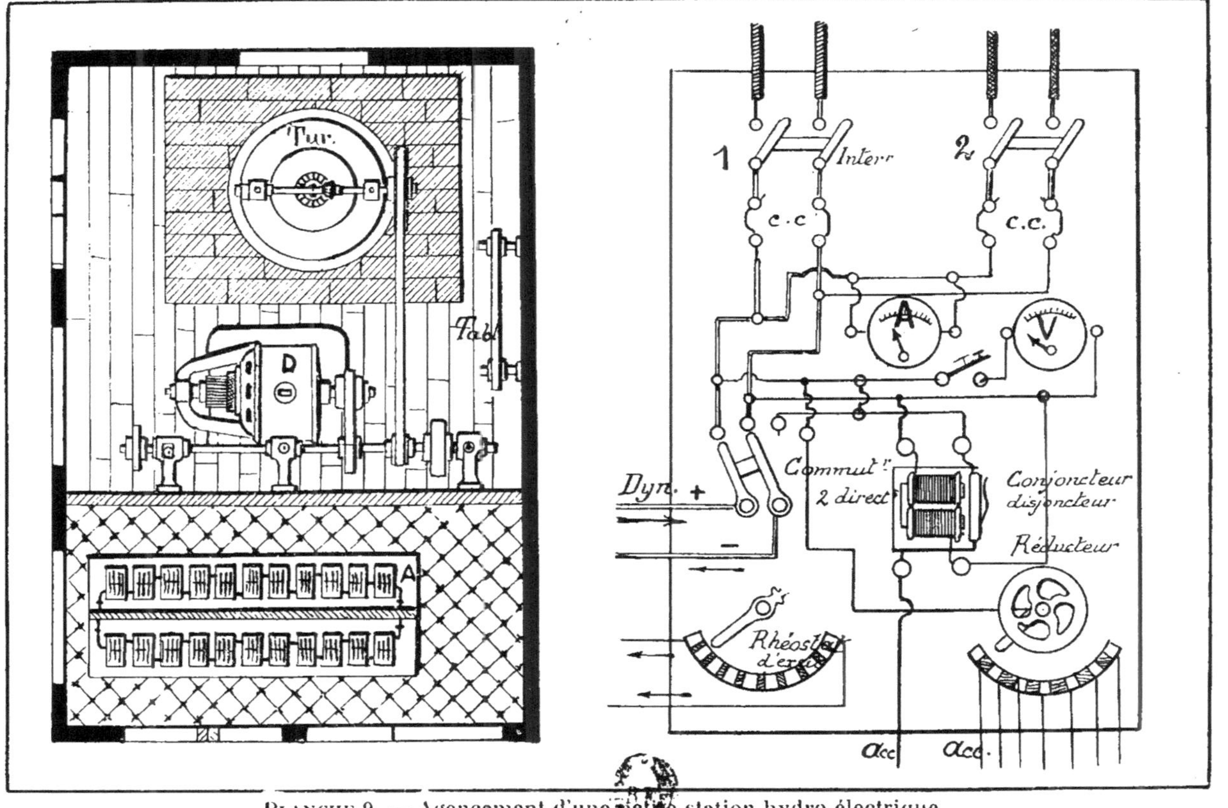

PLANCHE 9. — Agencement d'une petite station hydro-électrique.

PLANCHE 10

Installation d'éclairage et de force à distance

Nous venons de voir l'agencement et l'outillage d'une station génératrice à turbine hydraulique travaillant sur une dynamo et une batterie d'accumulateurs. Le tableau dessert deux circuits de départ, l'un pour la force, l'autre pour l'éclairage ; le schéma 10 montre comment ces deux circuits sont utilisés à l'arrivée.

Le tableau d'arrivée reçoit donc les deux lignes E (éclairage) et F (force) et répartit l'énergie qui lui parvient dans les bâtiments. Le premier service (éclairage) alimente en premier lieu une maison isolée comportant trois circuits sur lesquels 16 lampes se trouvent réparties; en deuxième lieu, la maison d'habitation à deux étages où sont 7 circuits distincts, branchés en différents points de la ligne principale et 68 lampes, enfin les ateliers et magasins où se trouvent 3 circuits et 46 lampes, soit au total 130 lampes consommant ensemble environ 7 kilowatts. Un voltmètre est branché entre les fils d'arrivée, et la ligne est pourvue d'un parafoudre à peignes protégeant les appareils d'utilisation contre les coups de foudre, parafoudre relié à une plaque de terre jouant le rôle de perd-fluide.

La ligne de force est bifurquée, et un commutateur à deux directions permet d'envoyer le courant, soit dans le petit soit dans le grand atelier suivant le besoin. Chacun de ces ateliers possède une réceptrice, moteur à courant continu enroulé en dérivation fonctionnant sous 220 volts, et muni de son rhéostat d'excitation. La réceptrice du grand atelier absorbe la totalité de l'énergie envoyée par la station génératrice, soit 7 kilowatts, 5 la perte de charge en ligne étant de 10 %. Elle consomme donc 32 ampères. L'autre moteur, n'absorbe que 12 ampères et fournit 3 chevaux et demi alors que le premier fournit 8 chevaux.

Ces moteurs commandent par courroie des arbres de transmissions *Tr* portant une série de poulies sur lesquelles viennent se placer les courroies secondaires devant entrainer les machines de toute espèce de ces deux ateliers. L'usage d'un arbre intermédiaire, recevant son mouvement du moteur électrique et le transmettant aux outils à mouvoir est plus économique que la solution par laquelle chaque machine possède son moteur particulier, mais on conçoit que cette solution présente une moindre souplesse, bien que chaque outil puisse être mû séparément en faisant usage d'un débrayage ou d'une association poulie fixe et poulie folle, complications mécaniques qui n'ont pas les avantages de la commande directe et individuelle.

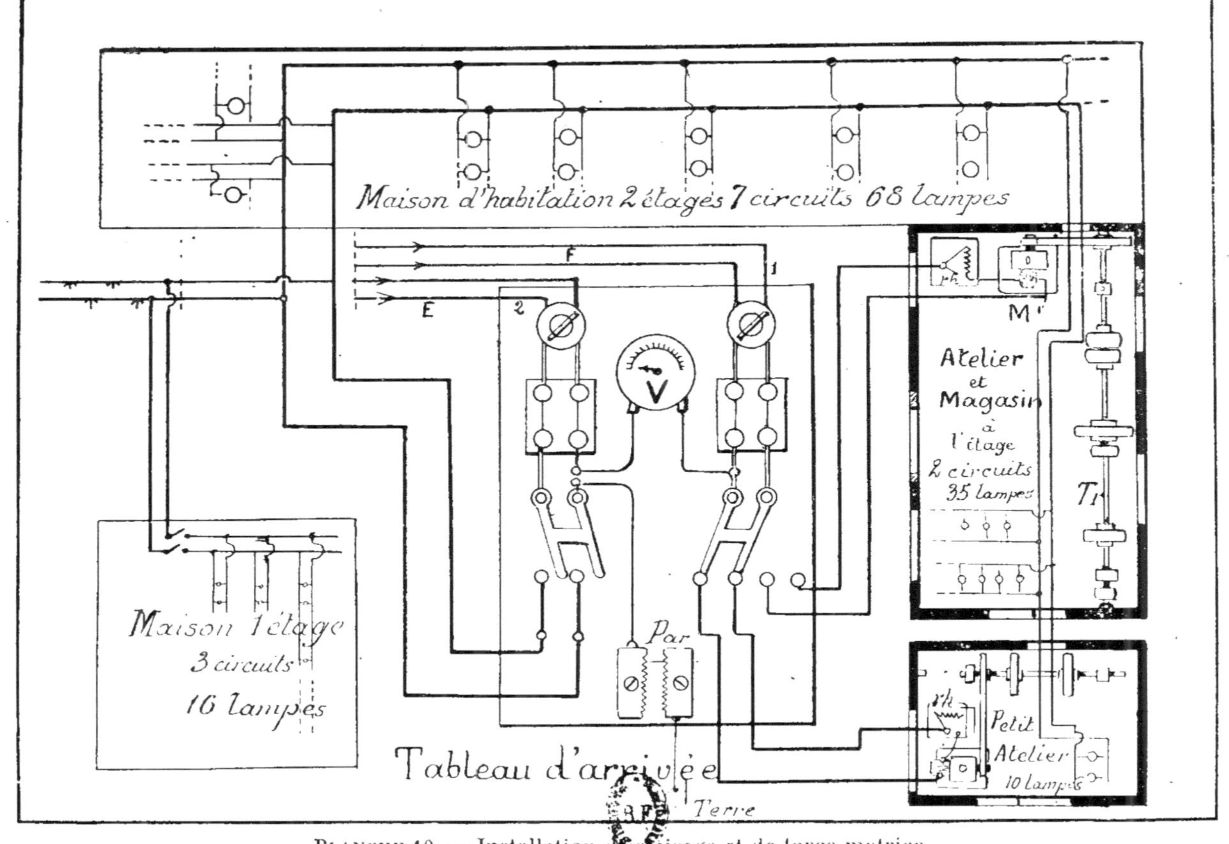

PLANCHE 10. — Installation d'éclairage et de force motrice.

PLANCHE 11

Distributions par courants alternatifs

Nous venons de passer en revue, dans les dix schémas qui précèdent, les principaux modes d'application du courant continu au transport de l'énergie. On a vu que cette forme de courant ne se prête qu'à deux procédés de distribution : la distribution sous intensité constante et celle sous tension constante. En pratique, c'est surtout le second procédé qui est employé, et il faut donc munir les génératrices d'appareils particuliers de manière à maintenir aussi uniforme que possible cette tension aux bornes de départ et par suite aux bornes des appareils d'utilisation, ou réceptrices.

Les facteurs susceptibles de varier dans une dynamo sont la vitesse de rotation et le flux de force magnétique. La première de ces conditions dépend de la machine motrice, celle-ci doit être par conséquent pourvue d'un régulateur très sensible ; l'autre est réalisée en agissant sur le courant d'excitation, seul élément variable pour un dispositif électromagnétique quelconque. Les dynamos sont donc pourvues de rhéostats formés de résistances que l'on peut associer par la manœuvre d'un volant ou d'une manette et qui modifient la valeur du champ magnétique selon les nécessités de la charge extérieure dont les variations sont indiquées par le voltmètre.

L'excitation s'opère suivant deux procédés : en série ou en shunt. Dans le premier cas, les inducteurs sont entourés d'un gros fil que traverse la totalité du courant ; dans le second, ils sont entourés de fil plus fin et traversés par une fraction seulement du courant empruntée par une dérivation prise aux balais. Ces deux procédés ont chacun leurs avantages et leurs inconvénients ; on peut toutefois diminuer ceux-ci et combiner les avantages en combinant ensemble les deux enroulements de fil gros et fil fin, excités l'un en série, l'autre en shunt. On obtient ainsi une constance beaucoup plus grande du flux magnétique. On peut même réaliser un enroulement série tel que la tension augmente notablement à partir d'une intensité déterminée ; on a ainsi une excitation *hypercompound*, la combinaison des deux enroulements étant dite *compound*.

En pratique, on n'emploie les moteurs enroulés en série que lorsque la transmission d'énergie ne comporte que deux machines : la génératrice et la réceptrice. Ce genre d'enroulement est indispensable pour la commande des appareils demandant un effort ou couple moteur considérable au moment du démarrage mais n'ayant pas besoin d'une extrême régularité. L'enroulement *shunt* ou en dérivation est réservé aux moteurs devant tourner à une vitesse constante ; le couple moteur, à l'instant du démarrage, est absolument nul.

On a été conduit à recourir aux courants alternatifs à cause de la facilité avec laquelle on peut faire produire aux alternateurs des courants de tension élevée lesquels n'exigent pour être transportés à grande distance que des conducteurs de faible section et dont, par suite, le prix au kilomètre est moins élevé que pour le courant continu. Tandis qu'on est limité à des chiffres de 1.500 volts au plus pour les dynamos industrielles, on peut obtenir 3.000, 5.000 volts et davantage si c'est nécessaire avec les alternateurs. De plus, l'augmentation de la différence de potentiel, au détriment de l'intensité, et *vice versa* à l'aide des transformateurs statiques, donne la possibilité d'accroître dans de grandes proportions le périmètre de distribution des transports de force par l'électricité. Au début, on se heurta à une difficulté : on ne parvenait pas à faire démarrer sous charge les moteurs alimentés de courant alternatif simple. Mais le problème n'a pas tardé à recevoir une solution pratique complète, et il existe trois catégories de moteurs à courant alternatif qui sont :

Les moteurs à champ constant ou synchrones.

Les moteurs à champ alternatif ou asynchrones.

Les moteurs à champ tournant.

Il est assez rare que les courants alternatifs soient distribués tels qu'ils sont produits à l'usine ; ils sont surtout appréciés par leur facilité de transformation, aussi leur distribution s'effectue-t-elle souvent par méthode indirecte après avoir subi une modification à l'arrivée pour rendre ces courants d'usages plus commode.

Le schéma 1 montre donc comment s'opère la distribution de

courants triphasés par circuits branchés en dérivation, le montage des trois ponts étant fait *en triangle*. Ces courants peuvent être de basse ou de haute tension ; dans ce dernier cas, les courants peuvent être produits immédiatement à haute tension soit directement par l'alternateur, soit par suite du passage du courant dans les enroulements d'un transformateur primaire survolteur ; les hautes tensions sont localisées sur la ligne. A l'arrivée, un second transformateur-dévolteur ramène la tension au chiffre convenant aux appareils d'utilisation.

Les enroulements à fil fin des transformateurs dévolteurs ou primaires peuvent être groupés en tension sur la ligne. Si l'on maintient l'intensité constante dans ces enroulements, les circuits secondaires seront également traversés par des courants d'intensité constante, mais il faut observer qu'alors, tous les transformateurs sont solidaires et doivent être munis d'un dispositif de mise en court circuit en cas d'arrêt. Il est donc hautement préférable d'employer la distribution à potentiel constant qui n'a pas cet inconvénient. La figure 4 représente la disposition en série à intensité constante. La figure 2 montre un schéma simplifie de courants alternatifs diphasés, et la figure 3 de courants triphasés avec transformateurs en étoile disposés en dérivation et alimentant chacun un moteur à champ tournant. Ces quatre dispositifs se rapportent aux cas les plus usuels se rencontrant dans la pratique industrielle.

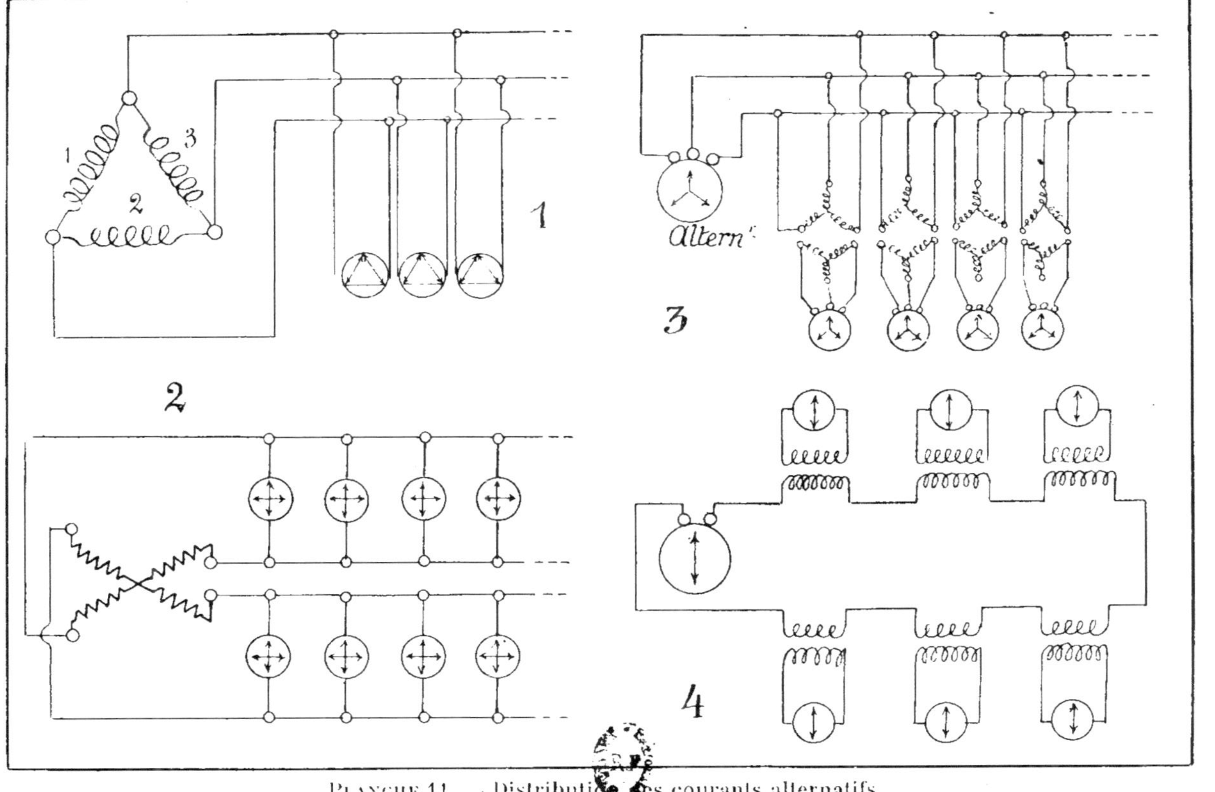

Planche 11. — Distribution des courants alternatifs.
1. Montage en triangle. — 2. Courants diphasés. — 3. Courants triphasés avec transformateurs en étoile.
4. Distribution en série sous intensité constante.

PLANCHE 12

Montage d'une dynamo shunt alimentant les ponts extrêmes dans une distribution à trois fils, avec batterie-tampon

Ce schéma montre la disposition à donner aux connexions d'une dynamo excitée en dérivation alimentant les extrêmes dans une distribution à trois fils, deux autres génératrices pourvues du même genre d'enroulement accouplées en série et une batterie d'accumulateurs dont la charge est opérée par la variation de la tension des deux génératrices accouplées, disposition ordinairement désignée sous le nom de *batterie-tampon*.

La tension fournie par cette batterie est telle qu'elle équilibre les ponts; il faut donc lui adjoindre deux réducteurs doubles (réducteurs 1, 2, 3, 4, à droite du schéma). La charge de chacune des deux demi-batteries est opérée par l'une ou l'autre des dynamos à tension variable et elle est indépendante du réseau. Les à coups qui peuvent survenir entre les ponts, et qui sont fréquents lorsque les appareils actionnés sont des moteurs de traction ou de levage (grues, cabestans, etc.), sont ainsi absorbés par la batterie, qui restitue son surplus dans le circuit extérieur dans les instants de faible consommation.

L'appareillage est complété par deux indicateurs de sens de courant, trois conjoncteurs-disjoncteurs à minimum pour la batterie, un sur chaque machine, enfin par les appareils de mesure indispensable, ampèremètres et voltmètres indiquant la tension des génératrices, de la batterie et du réseau, et les divers interrupteurs commandant l'ouverture ou la fermeture des divers circuits.

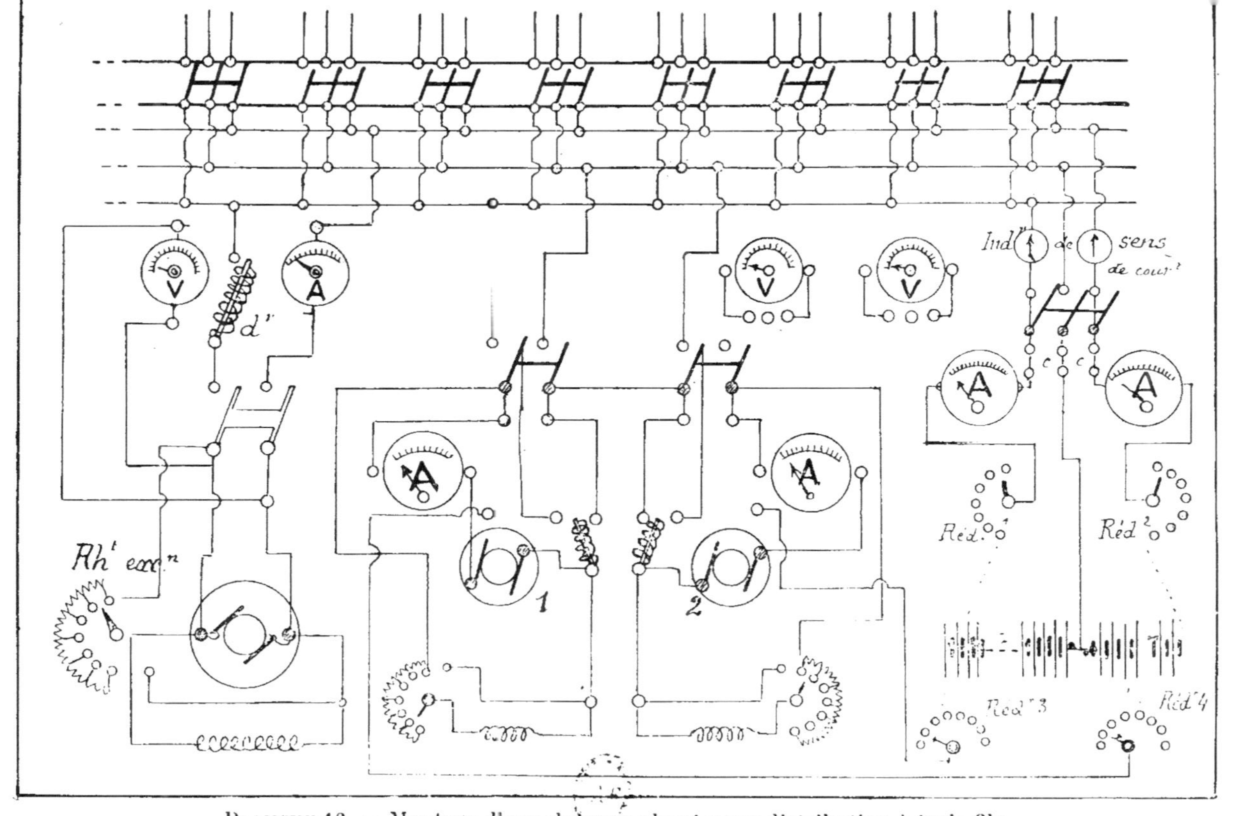

PLANCHE 12. — Montage d'une dynamo shunt pour distribution à trois fils.

PLANCHE 13

Montage de trois génératrices shunt

Nous voyons ici trois génératrices 1, 2, 3, à enroulement shunt, avec dynamo auxiliaire à excitation compound appliquée à produire l'excitation des trois génératrices, de manière à assurer le réglage automatique de la tension dans le réseau.

La dynamo auxiliaire est entraînée par un moteur à vitesse constante ; elle agit donc de la même façon que l'excitatrice d'un alternateur, et étant pourvue ainsi qu'il vient d'être dit d'un enroulement compound, elle permet de régler le courant de distribution par son rhéostat branché dans son enroulement série. La tension subit donc les fluctuations de charge survenant dans les circuits, fluctuations qui se reproduisent dans l'intensité du courant d'excitation des génératrices 1, 2, 3. On comprend donc que, si la charge extérieure vient à augmenter; l'intensité s'accroît dans les génératrices, détruit l'effet résultant de la réaction d'induit et assure la constance de la tension aux bornes de ces machines.

On remarquera que les variations sont moins sensibles sur l'excitation que sur le courant principal, cela provient du fait que la machine auxiliaire est à excitation compound et cet agencement donne le moyen d'assurer un réglage beaucoup plus précis.

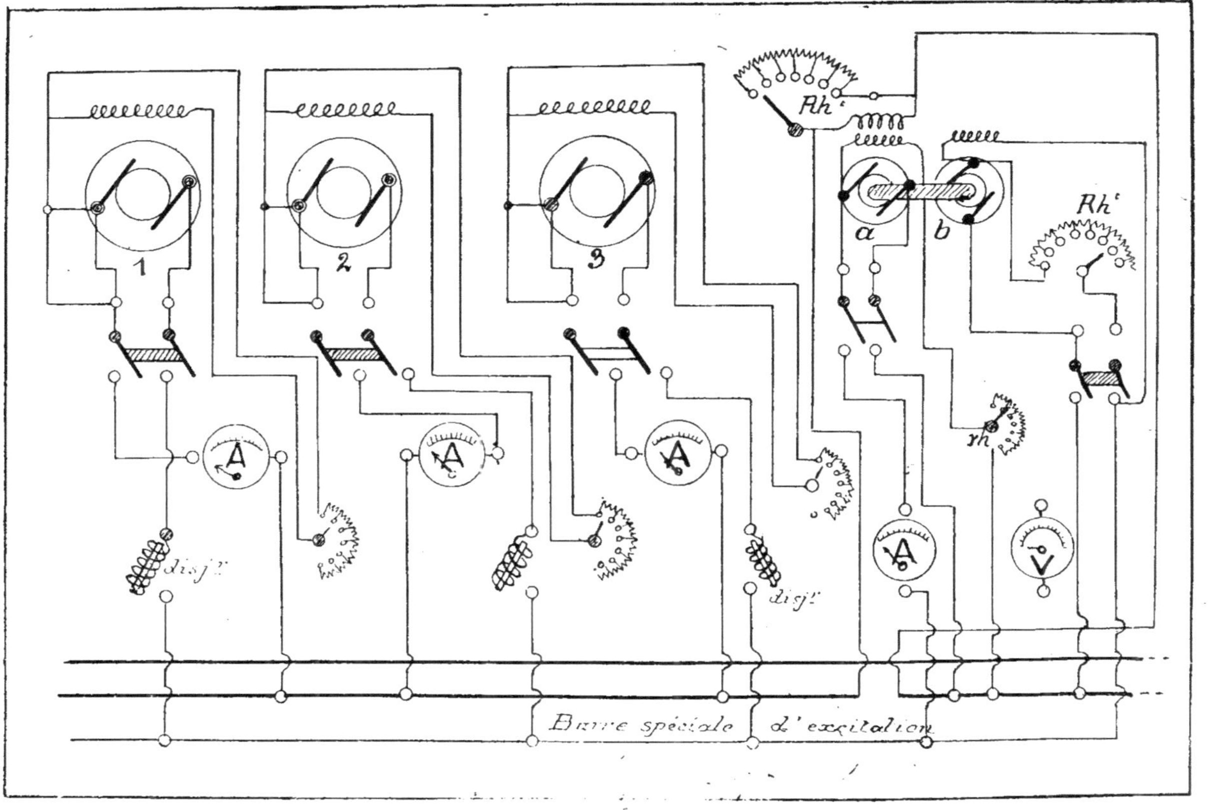

PLANCHE 13. — Montage de trois génératrices shunt.

PLANCHE 14

Agencement d'un alternateur simple

Ce schéma se rapporte à l'agencement d'un alternateur à courant alternatif simple (monophasé) à haute tension (au-dessus de 1.000 volts). L'excitation est fournie aux inducteurs par une dynamo auxiliaire, ordinairement placée en bout d'arbre à la suite de l'enroulement induit. Les bagues de prise de courant sont en rapport avec les barres collectrices assurant la distribution aux circuits par l'intermédiaire d'un interrupteur plongé dans l'huile pour assurer l'isolement, combiné avec une bobine de déclanchement automatique à maximum recevant le courant d'un petit transformateur d'intensité alimentant également l'ampèremètre. Le voltmètre est pourvu d'un transformateur de tension ; le champ magnétique de l'excitatrice est réglé par la manœuvre d'un rhéostat *rht*.

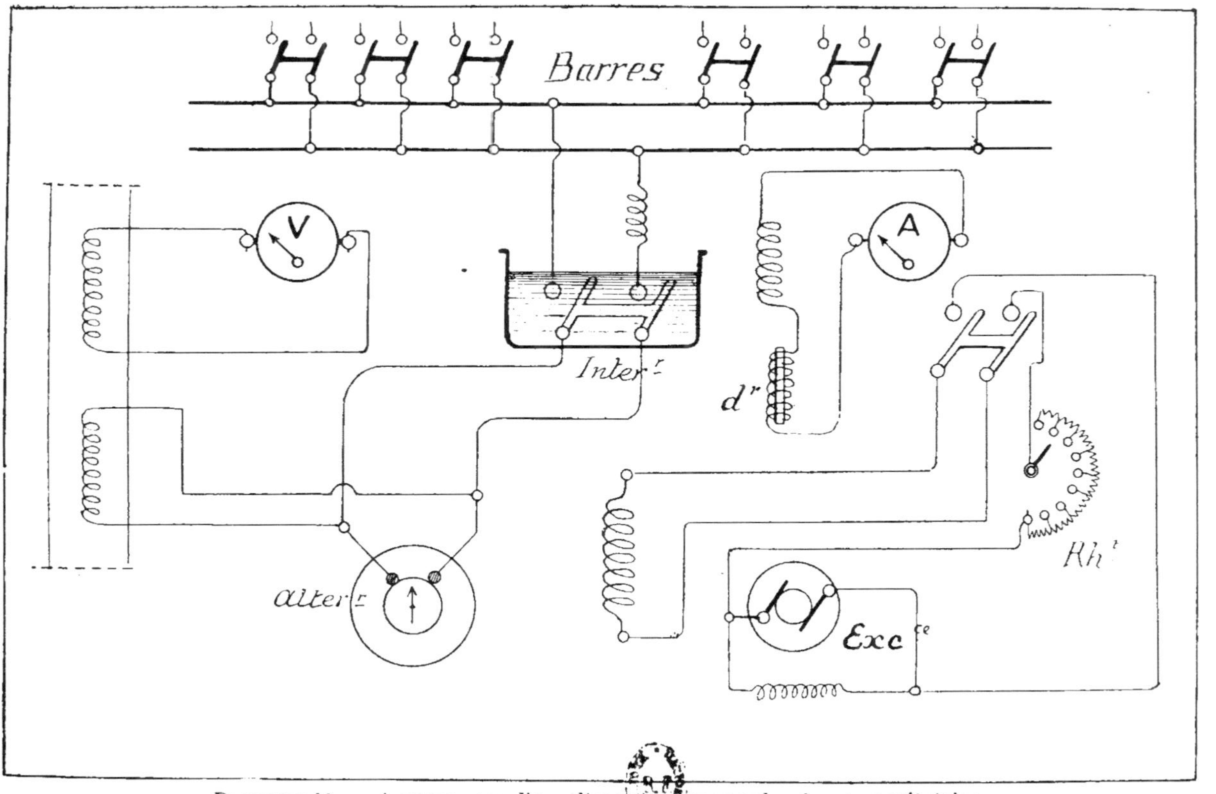

Planche 14. — Agencement d'un alternateur monophasé avec excitatrice.

PLANCHE 15

Deux alternateurs monophasés en parallèle

Ce schéma, qui représente les connexions de deux alternateurs monophasés à haute tension, possédant des barres d'excitation communes, montre comment ces deux alternateurs peuvent être associés en parallèle.

L'excitatrice est une dynamo shunt, pourvue de son rhéostat de réglage et d'un interrupteur commandant l'ampèremètre. Le dispositif de mise en parallèle des deux alternateurs est constitué par deux lampes de phase *bb*, et un voltmètre. Une des bornes de chacune de ces lampes et du voltmètre est en rapport avec les barres collectrices l'autre borne de ces appareils étant reliée à un commutateur à deux directions correspondant à chaque alternateur. L'accouplement ne peut se réaliser que lorsque les lampes sont éteintes et le voltmètre à zéro. Ce dispositif de mise en parallèle est branché, bien entendu, puis-qu'il s'agit de haute tension, sur les enroulements secondaires des transformateurs de tension.

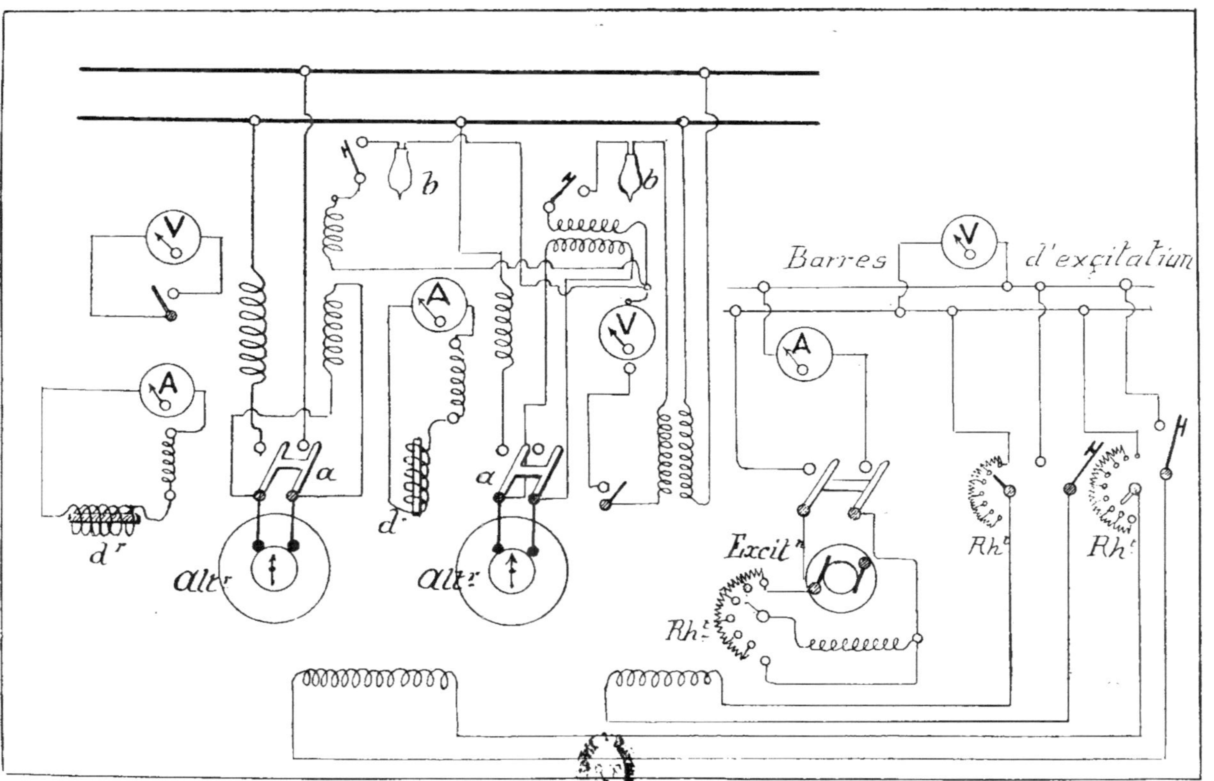

Planche 15. — Montage de deux alternateurs monophasés à haute tension pouvant être accouplés en parallèle.

PLANCHE 16

Couplage en parallèle d'alternateurs triphasés

Ce dessin correspond à la combinaison de deux alternateurs à courants triphasés de basse tension pouvant être accouplés en parallèle, permettant le même accouplement avec d'autres unités le cas échéant.

L'agencement est analogue à celui expliqué dans le schéma précédent il est constitué par la présence de deux lampes de phase Lp^1 et Lp^2 et d'un voltmètre de phase, montés entre une barre collectrice d'une part et la bague de l'alternateur en rapport avec la barre considérée.

Les appareils de mesure : ampèremètres et wattmètres sont branchés sur les ponts comme l'indique le dessin. Chaque interrupteur est précédé d'un coupe-circuit. Deux voltmètres (non indiqués) sont munis chacun d'un commutateur à trois directions pour connaître la différence de potentiel existant entre chaque pont.

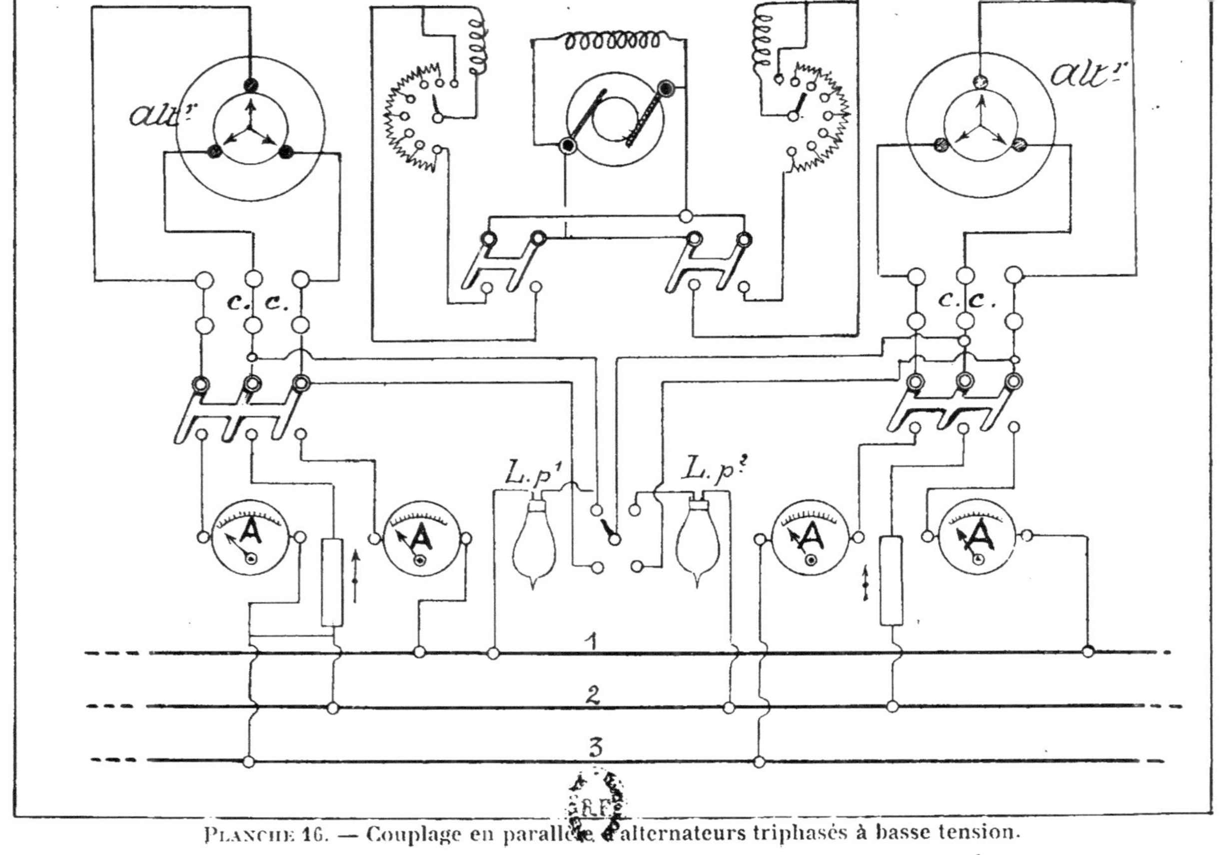

Planche 16. — Couplage en parallèle d'alternateurs triphasés à basse tension.

PLANCHE 17

Accouplement en parallèles d'alternateurs triphasés à haute tension

---

Il s'agit ici de l'accouplement en parallèle de deux alternateurs triphasés à haute tension. De même que, dans les plans précédents, deux transformateurs d'intensité sont connectés dans le circuit de chaque machine pour actionner une bobine de déclanchement et un ampèremètre. L'agencement permettant la mise en parallèle est disposé sur le circuit secondaire d'un des transformateurs de tension de courant monophasé, du côté de l'unité qui doit être accouplée et sur l'une des phases secondaires d'un transformateur triphasé du côté des barres collectrices. Ces transformateurs alimentent également les voltmètres; les points neutres des circuits secondaires de ces transformateurs sont réunis entre eux.

Le départ des lignes de transport de force à distance s'opère sur les barres collectrices. Ils sont pourvus d'interrupteurs dans l'huile lorsque la tension dépasse 5.000 volts. Une lampe de concordance de phases indique le moment où l'on peut procéder à l'accrochage de la deuxième machine, qui travaille ainsi en parallèle sur les réseaux à desservir.

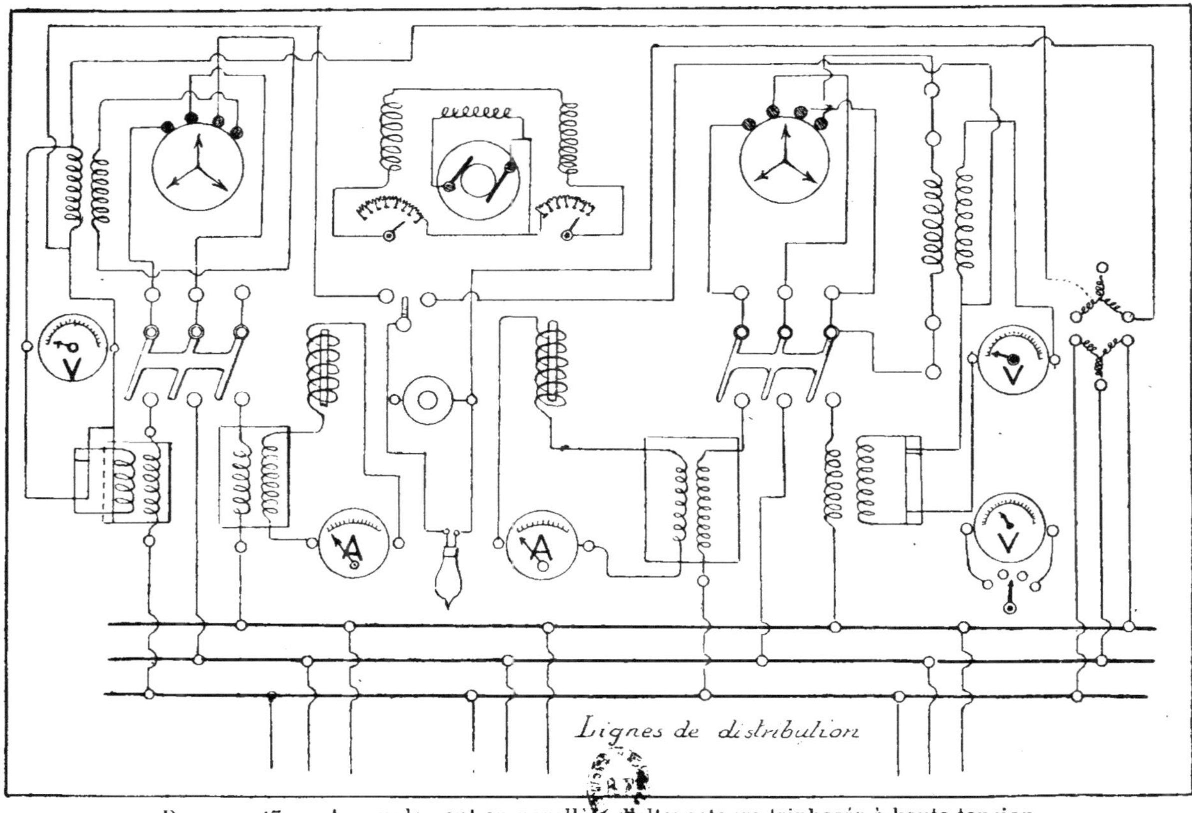

PLANCHE 17. — Accouplement en parallèle d'alternateurs triphasés à haute tension.

PLANCHE 18

Transports d'énergie par transformateurs

La distance séparant le lieu d'utilisation de celui de production de l'énergie électrique, surtout dans le cas d'un transport de force, représente un facteur de première importance influant considérablement sur la valeur du travail recueilli quand on ne change pas les éléments de construction du moteur et le diamètre des conducteurs de transport.

Le prix de ces conducteurs étant proportionnel au poids du cuivre, c'est-à-dire au diamètre et à la section des fils, il devient difficile, économiquement parlant d'employer des génératrices à courant continu à basse tension lorsque l'éloignement de la source primaire dépasse 500 à 600 mètres. Cette distance peut être doublée avec le système de distribution à trois fils et triplée avec le système à cinq fils. Mais lorsque le voltage adopté entre chaque pont est de 110 volts, ainsi que c'est le cas le plus ordinaire, on ne peut guère dépasser une puissance supérieure à 40 ou 50 chevaux-vapeur à l'extrémité du réseau et entre les fils 1 et 5, entre lesquels la différence de potentiel est de 550 volts avec un débit de 60 à 80 ampères.

C'est pourquoi, à moins de à recourir l'emploi de dynamos génératrices à haute tension de construction délicate et coûteuse, il a fallu que le courant continu cédât la place, malgré ses incontestables avantages, dans la question du transport de l'énergie à grande distance, aux courants alternatifs simples ou polyphasés. Les moteurs alimentés par ce genre de courant présentent une plus grande simplicité de construction en raison de la suppression du collecteur d'une part et de l'agencement donné à la partie tournante ou *rotor* du moteur.

Toutefois, la manœuvre des alternateurs et appareils de haute tension peut n'être quelquefois pas sans danger et c'est pour localiser ces tensions élevées sur les lignes de transport que l'on procède fréquemment par double transformation. A l'usine génératrice, le courant est produit par un alternateur à base tension, par exemple 600 volts et il traverse les enroulements d'un transformateur d'induction d'où il sort à une tension bien plus élevée, 5.500 volts par exemple, comme cela est indiqué dans le schéma 18 ci-contre représentant une usine génératrice avec alternateur triphasé à basse tension et transformateur survolteur.

L'alternateur est commandé par une transmission mécanique à poulies et courroies. L'ensemble poulie folle et poulie fixe *a* est réservé pour l'entraînement de l'excitatrice (non représentée sur le dessin), et les poulies *b*, *c*, *d* sont prévues pour la commande de machines secondaires : survolteur pour la charge d'une batterie d'accumulateurs, dynamo auxiliaire pour l'éclairage de l'usine, etc. L'appareillage complétant la station consiste en un interrupteur dans l'huile, les coupe-circuits, sectionneurs automatiques et parafoudres de sécurité, enfin les instruments de mesure : voltmètre, ampèremètres, wattmètres ou compteurs d'énergie.

Le transport de l'énergie jusqu'au centre à desservir est opérée par des canalisations *aériennes* ou *souterraines*. Les premières sont, à distance franchie égale, bien moins coûteuses que les canalisations enterrées dans le sol, mais elles exigent de plus grands soins d'entretien, elles sont sujettes aux ruptures sous l'effort des tempêtes ainsi qu'aux décharges atmosphériques, mais malgré tout, elles sont d'un usage plus répandu, surtout lorsqu'il s'agit de courants de haute tension.

Les conducteurs sont supportés dans leur trajet par des appuis en matière isolante évitant les dérivations et les pertes de courant dans le sol par l'effet de la pluie et de l'humidité. Ces appuis, qui portent le nom d'*isolateurs*, se font en porcelaine émaillée ou en verre et sont reliés à des poteaux en bois ou à des pylones en métal plus ou moins élevés au-dessus du sol par des pattes de scellement. La forme de ces isolateurs est celle d'un cylindre surmonté d'un bouton ou d'une cloche. Lorsque le courant a une tension élevée, les conducteurs doivent être supportés par des isolateurs à double ou à triple cloches superposées et concentriques afin d'éviter les pertes dans le sol On fait également usage d'isolateurs dits *à garde d'huile* ; formés de deux pièces s'emboîtant l'une dans l'autre et dont celle inférieure présente une gorge circulaire que l'on remplit d'huile lourde au moyen d'un siphon ou d'une burette. La périphérie de la pièce supérieure baigne dans cette huile et l'isolateur se trouve partagé en deux parties, dont l'une, en contact avec la tige métallique, est complétement isolée du sol.

La résistivité de ces supports atteint environ 5.000 mégohms. Pour les entrées à l'intérieur des bâtiments, on a créé une série de modèles d'isolateurs dits *entrées de postes* en une ou deux pièces réunies par des vis et évitant toute pénétration d'eau et tout danger de court-circuit. La ligne de distribution considérée dans le cas présent doit être pourvue d'isolateurs de ce genre.

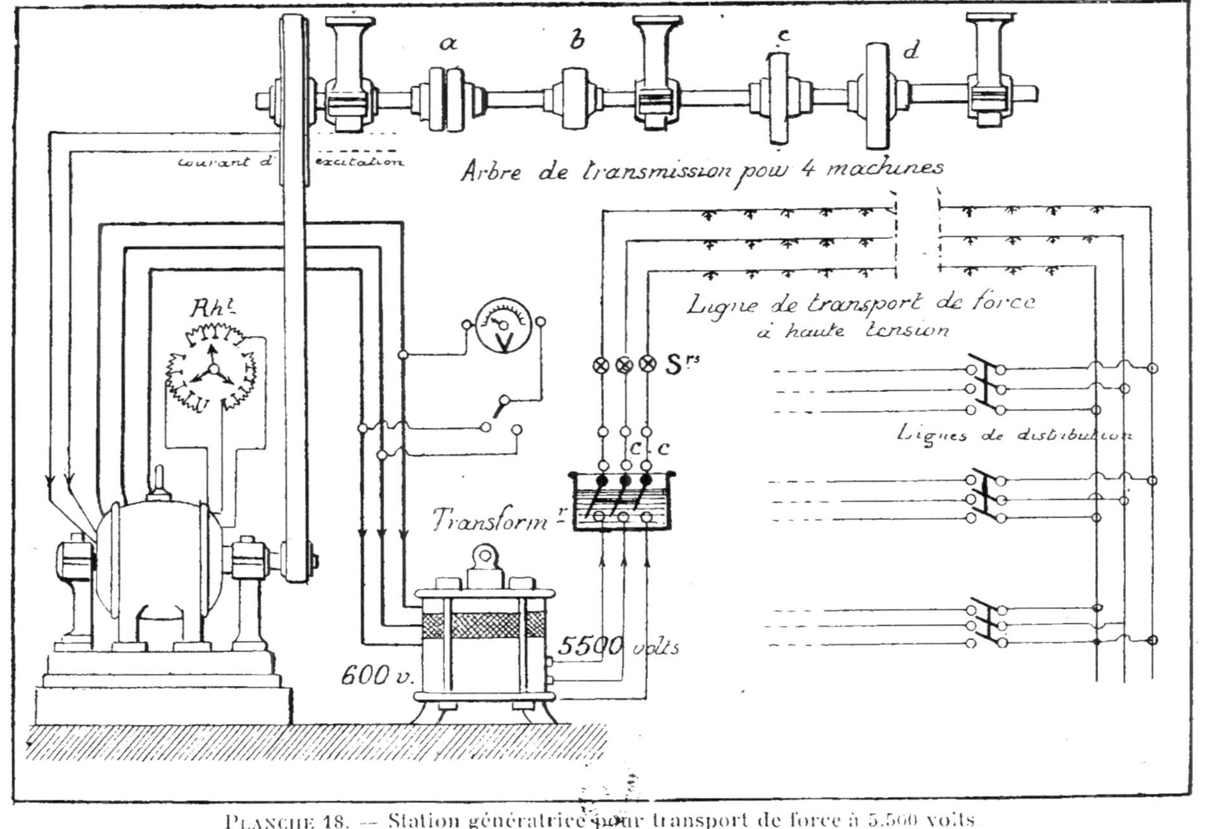

Planche 18. — Station génératrice pour transport de force à 5.500 volts

PLANCHE 19

Transport de force par courants triphasés

Cette étude se rapporte encore à une installation de transport de force par courants triphasés, produits par un alternateur à basse tension (750 volts) et relevés à 11.250 volts par leur passage dans les spires d'un transformateur survolteur. L'alternateur est actionné par courroie et il entraîne son excitatrice disposée en bout d'arbre. Des interrupteurs permettent de fermer le circuit sur le voltmètre et sur l'ampèremètre. A la sortie du transformateur, les courants de haute tension sont envoyés par un transformateur tripolaire dans l'huile à la ligne aérienne portant l'énergie jusqu'à la station de distribution. Cette canalisation est munie des appareils de sécurité indispensables tels que sectionneurs et parafoudres.

Le rôle du parafoudre, sur les réseaux de haute tension consiste à diriger dans le sol les décharges atmosphériques en ne laissant passer à ce moment que la plus petite fraction possible de l'énergie transportée. Bien que présentant des dispositions de détail différentes, la plupart des parafoudres fonctionnent d'après le même principe : la formation d'un arc qui conduit au sol la décharge, arc dont la durée doit être extrêmement courte afin d'éviter la mise à la terre des génératrices, ce qui entraînerait des accidents. Le parafoudre *à peignes* est le plus simple, mais il est moins efficace que le système dit *à cornes,* composé d'un électro-aimant et de deux croissants métalliques isolés. Le conducteur arrivant de la source d'électricité est relié à la borne d'entrée de l'électro dont le fil de sortie est en relation avec l'un des croissants. L'autre branche reçoit le fil de dérivation se rendant à une plaque de terre enterrée à une certaine profondeur.

Si un coup de foudre vient à toucher le câble, l'arc jaillit entre les deux parties les plus voisines des cornes ou croissants, mais il est soufflé aussitôt par le champ magnétique de l'électro. Il s'élève donc entre les tiges tout en s'allongeant de plus en plus puisque ces pièces sont divergentes, et il ne tarde pas à s'éteindre.

En suivant l'arc, la foudre s'est écoulée dans le sol, en même temps qu'une portion du courant utile. En reliant le câble à l'électro du parafoudre, on limite la perte à la terre grâce à la self induction opposée par les spires de la bobine. Le parafoudre est donc monté en dérivation sur les conducteurs principaux ; on en fait à deux et trois cornes ou coupures assez efficaces pour que, dans des expériences, on ait pu mettre une station en court-circuit sur ces appareils sans qu'aucun accident en ait résulté.

A l'arrivée, les câbles s'arrêtent aux bornes d'un transformateur dévolteur muni d'un interrupteur tripolaire dans l'huile, et qui abaisse la tension de 11.250 à 500 volts. De là, les courants triphasés sont envoyés dans un groupe convertisseur, ou moteur-générateur constitué par l'accouplement arbre à arbre d'un moteur asynchrone et d'une dynamo à 110 volts, pourvue des instruments de contrôle et de réglage nécessaire. Le courant continu est ensuite distribué aux usagers par une ligne à base tension aérienne ou souterraine.

L'utilisation est donc nettement séparée du transport d'énergie qui, seul est effectué sous une tension élevée afin de satisfaire aux conditions d'économie devant présider à tous les emplois de l'électricité.

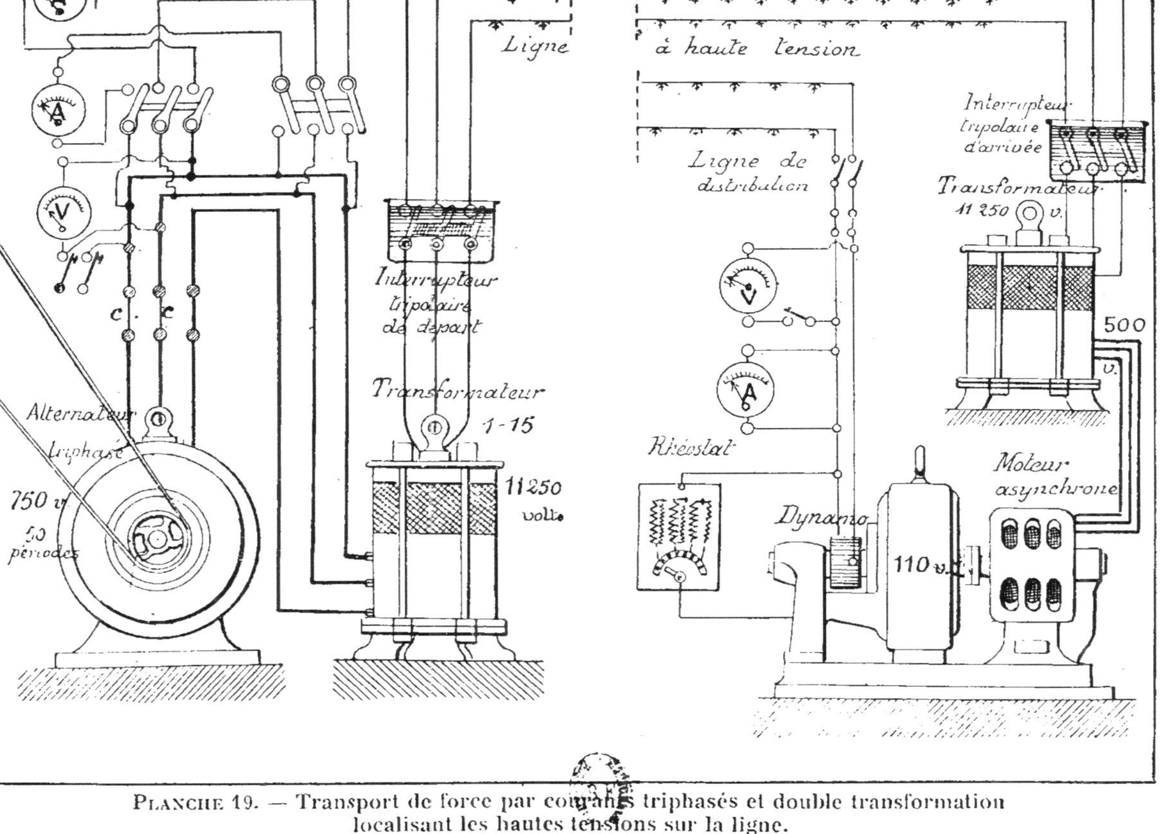

Planche 19. — Transport de force par courants triphasés et double transformation localisant les hautes tensions sur la ligne.

PLANCHE 20

Transport d'énergie à distance pour alimentation de moteurs

L'installation représentée dans ce schéma rentre encore dans la même catégorie que les précédentes. L'usine génératrice est montée sur un canal de dérivation creusé sur le trajet d'une rivière. Un barrage permet de relever le niveau et de créer une différence de niveau entre le bief d'aval et celui d'amont. L'eau traverse les aubages d'une turbine à axe horizontal accouplée avec un alternateur monophasé fournissant des courants d'une tension efficace de 2.500 volts, puis elle s'écoule par un canal de fuite pour revenir à la rivière après un parcours plus ou moins long et la traversée d'une vanne.

En supposant que la hauteur de chute soit seulement de $1^{m},50$ et le débit, en eaux moyennes de 1.600 litres par seconde, le travail fourni par la turbine, en admettant un rendement de 80 °/₀ sera de 26 chevaux. L'alternateur, possédant un coefficient d'intensité efficace de 0,9, développera 1.700 volts-ampères, et l'intensité transportée par la ligne sera de 6,8 ampères sous 2.500 volts.

Nous avons supposé qu'il part deux lignes de la station hydro-électrique, l'une pour distribuer l'éclairage, l'autre pour actionner quatre moteurs synchrones montés en dérivation. Chaque groupe de lampes ou chaque moteur est branché sur le circuit à gros fil d'un transformateur secondaire de distribution qui abaisse la tension de 2.500 à 220 volts, en même temps que l'intensité remonte de 6,8 à 77 ampères. Les quatre moteurs fonctionnant simultanément, chacun d'eux peut fournir un travail de 5 ch. 1/2 environ.

Bien que les moteurs à champ constant synchrones ne puissent démarrer qu'à vide, ils rachètent ce léger défaut par leur rendement plus élevé que celui des moteurs asynchrones et leur faculté de pouvoir être branchés sur les réseaux de distribution d'éclairage sans apporter aucun trouble dans cette distribution.

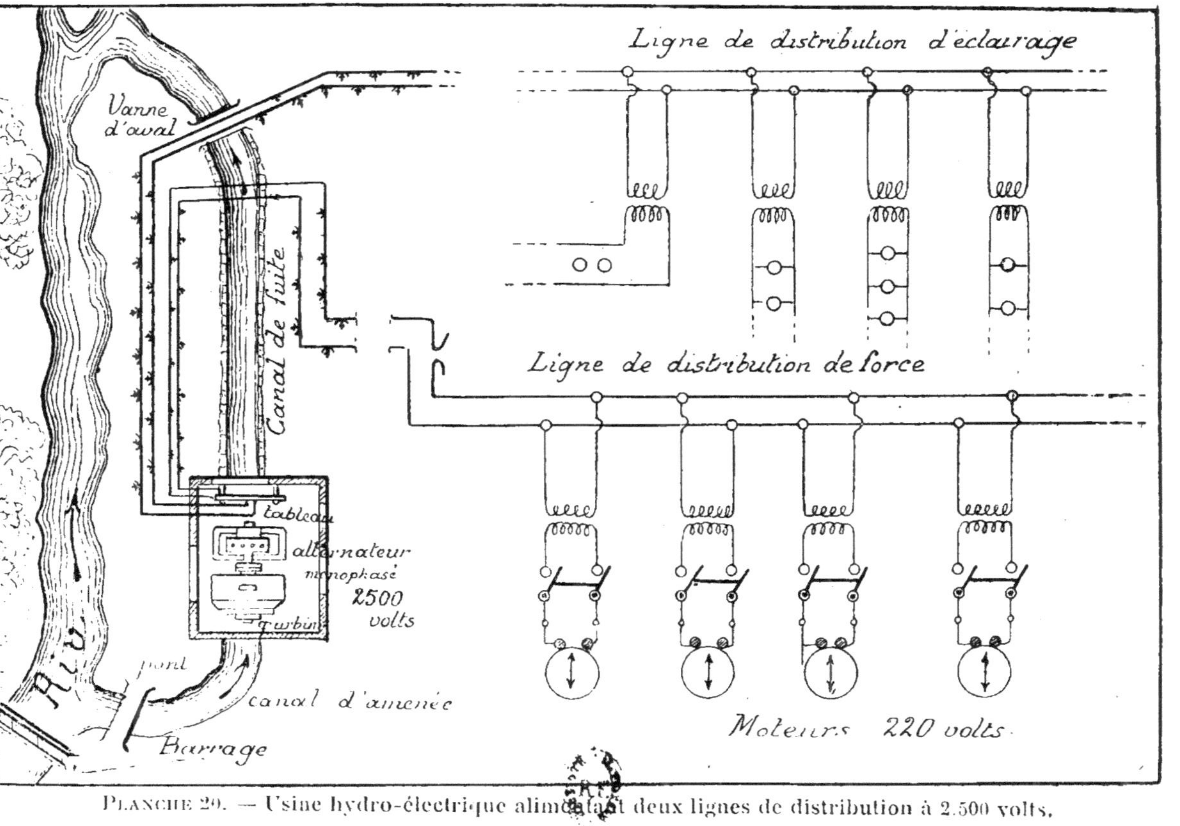

PLANCHE 20. — Usine hydro-électrique alimentant deux lignes de distribution à 2.500 volts.

PLANCHE 21

Distribution avec sous-station

Le plan ci-contre fournit encore un exemple de distribution mixte, éclairage et force motrice par courants alternatifs simples avec sous-stations aménagées dans les centres à desservir, plus ou moins éloignés.

L'usine génératrice hydro-électrique est située, comme dans le cas précédent, sur une petite rivière. Un barrage permet de relever le niveau entre l'amont et l'aval et de recueillir, à l'aide d'une turbine centripète à axe vertical, de 40 à 50 chevaux vapeur, puissance doublée par l'adjonction d'un moteur à gaz pauvre de même force. Une transmission par courroies et poulies permet d'actionner l'un ou l'autre des deux groupes électrogènes, le moteur thermique n'étant mis en marche qu'aux heures de consommation maximum.

Des transformateurs survolteurs portent de 750 à 6.300 volts la tension du courant monophasé envoyé dans les trois lignes 1, 2, 3, alimentant chacune une agglomération particulière. L'équipement des sous-stations de distribution est composé de groupes moteurs-générateurs, l'électricité étant fournie aux abonnés sous forme de courant continu à 110 volts. Un transformateur-dévolteur ramène d'abord la tension du courant alternatif dans les mêmes proportions qu'au départ, et les moteurs synchrones entraînent par accouplement direct une dynamo génératrice.

Le service de la ligne 1 qui dessert la sous-préfecture étant beaucoup plus chargé que les deux autres, la sous-station de cette ligne possède une batterie d'accumulateurs chargée pendant les heures où la consommation est la plus faible, et travaillant ensuite en parallèle aux heures les plus chargées. Le matériel électro-mécanique peut ainsi travailler presque constamment à pleine charge dans des conditions plus avantageuses.

Les lignes 2 et 3 desservant des agglomérations moins importantes partent d'un point intermédiaire où est agencée la bifurcation des deux lignes. Entre l'usine génératrice et ce poste de bifurcation, la ligne ne se compose que de deux conducteurs, ce qui permet de réaliser une sérieuse économie.

Les canalisations aériennes à haute tension suivent les routes et chemins ; la traversée de la route nationale est protégée par un filet tendu sous les fils pour les recevoir en cas de rupture accidentelle. La ligne 2 coupe au court à travers champs pour diminuer le trajet et économiser sur le prix des conducteurs. Elle franchit encore une voie ferrée avec les mêmes précautions que la route avant d'arriver à la sous-station.

Diverses variantes pourraient être imaginées pour résoudre plus ou moins économiquement ce problème de l'alimentation en énergie électrique de plusieurs villes. Par exemple, on pourrait recourir de préférence aux courants polyphasés à haute tension et aux convertisseurs, plutôt que d'utiliser une double transformation et des transformateurs rotatifs ; c'est ce qui prouve qu'une installation quelconque peut parfaitement être réalisée par des procédés très différents mais présentant chacun leurs avantages et inconvénients particuliers.

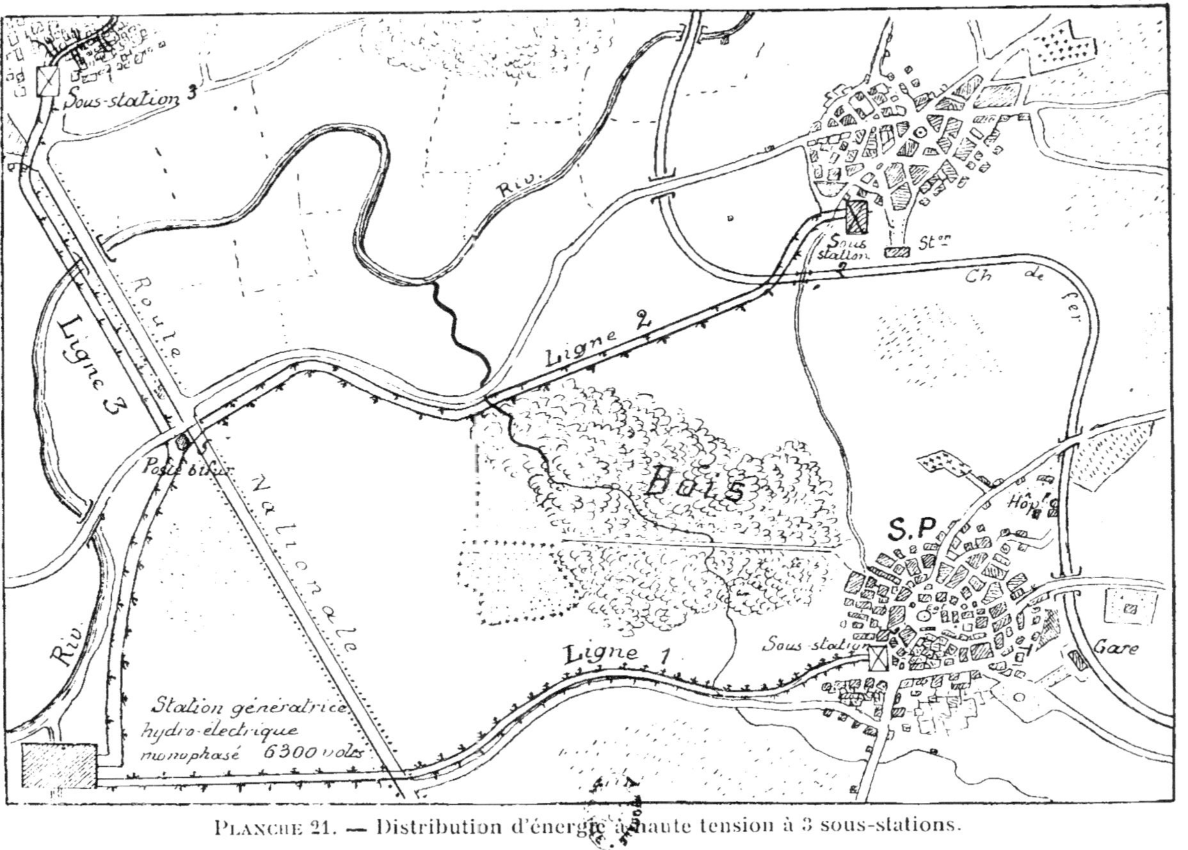

PLANCHE 21. — Distribution d'énergie à haute tension à 3 sous-stations.

PLANCHE 22

Installation d'une sous-station de distribution

Cette combinaison se rapporte à une sous-station de distribution avec transformateurs à courants triphasés, la distribution s'opérant avec trois ou quatre fils. Le circuit primaire est donc alimenté par des courants de haute tension, le secondaire abaissant la tension jusqu'au chiffre nécessité par les appareils d'utilisation. Un fil spécial est relié au point neutre de l'enroulement secondaire, ce qui procure l'avantage de disposer de deux tensions différentes dans le réseau. La première, plus élevée, existant entre phases est destinée à l'alimentation des moteurs, l'autre, prise entre une phase et le fil neutre, pour l'éclairage. Le montage est, dans cette disposition, effectué en étoile plutôt qu'en triangle comme c'est ordinairement le cas pour l'enroulement primaire.

Des interrupteurs permettent de mettre en circuit les ampèremètres, et un commutateur à trois directions commande le voltmètre. Des sectionneurs automatiques sont intercalés sur les conducteurs d'arrivée et il faut prévoir un circuit de sécurité avec parafoudres, sectionneurs et prises de terre protégeant les lignes contre les accidents pouvant provenir des décharges atmosphériques et les surtensions.

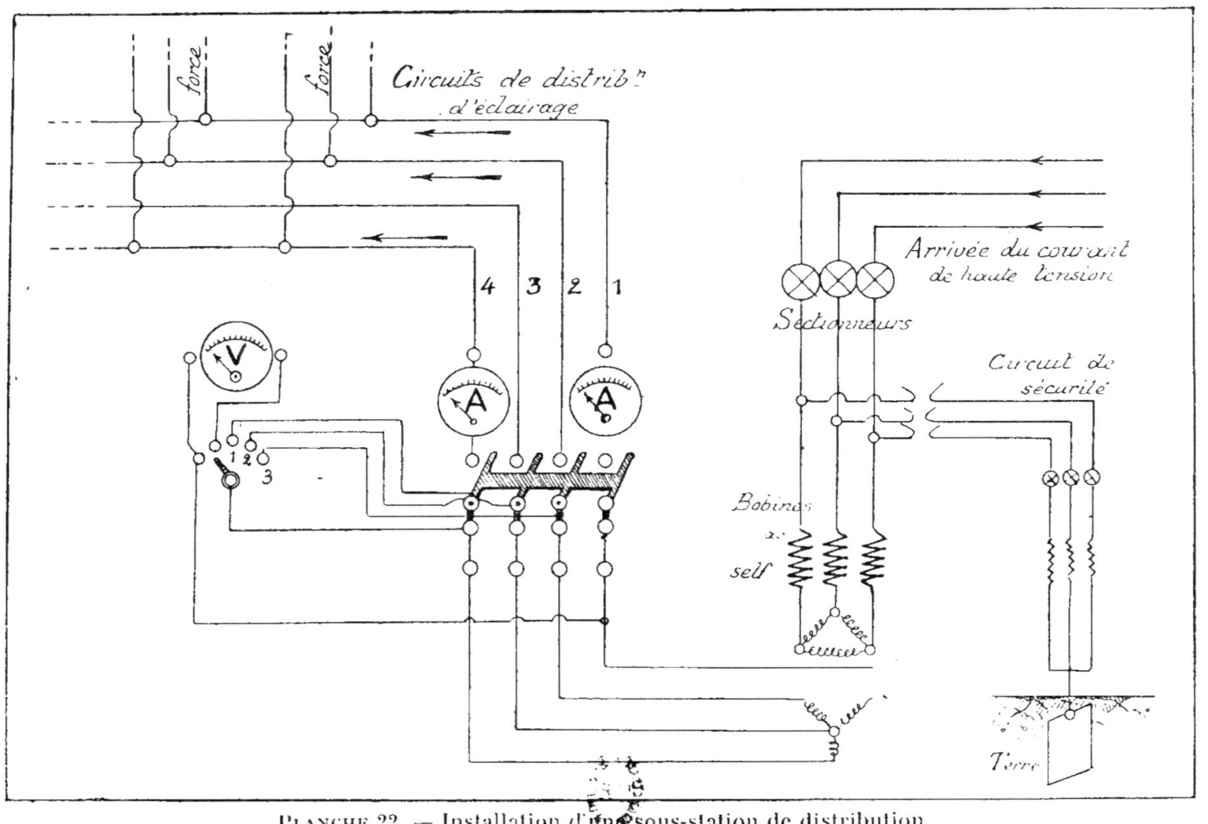

PLANCHE 22. — Installation d'une sous-station de distribution.

PLANCHE 23

Agencement de génératrices triphasées haute tension

Ce plan, qui complète ceux donnés précédemment pour les connexions des génératrices de courants triphasés à haute tension, représente l'agencement de deux transformateurs élévateurs de tension reliés à ces génératrices.

Chacun de ces transformateurs est alimenté directement par l'alternateur qui lui correspond. Le circuit primaire fournit le courant de basse tension relativement à l'enroulement secondaire qui fournit la haute tension et se trouve relié aux barres de distribution. Les transformateurs d'intensité et de tension, les interrupteurs, etc., sont agencés sur le primaire, et les manœuvres de commande, ouverture et fermeture des circuits, couplages, se font de ce même côté de la basse tension. Seuls, les sectionneurs amovibles sont agencés sur le secondaire.

Les usines importantes possèdent des tableaux pourvus d'un double jeu de barres collectrices pouvant être rendus indépendants par le jeu de sectionneurs spéciaux. Ces barres supplémentaires sont mises à l'abri des surtensions à l'aide de parafoudres à corues et des limiteurs de tension, reliés à des prises de terre. Les lampes de phase et les bobines de disjonction sont disposées comme il a déjà été expliqué pour permettre le couplage des alternateurs et leur travail simultané en parallèle sur le réseau lorsque la charge extérieure s'élève au-dessus d'une valeur déterminée.

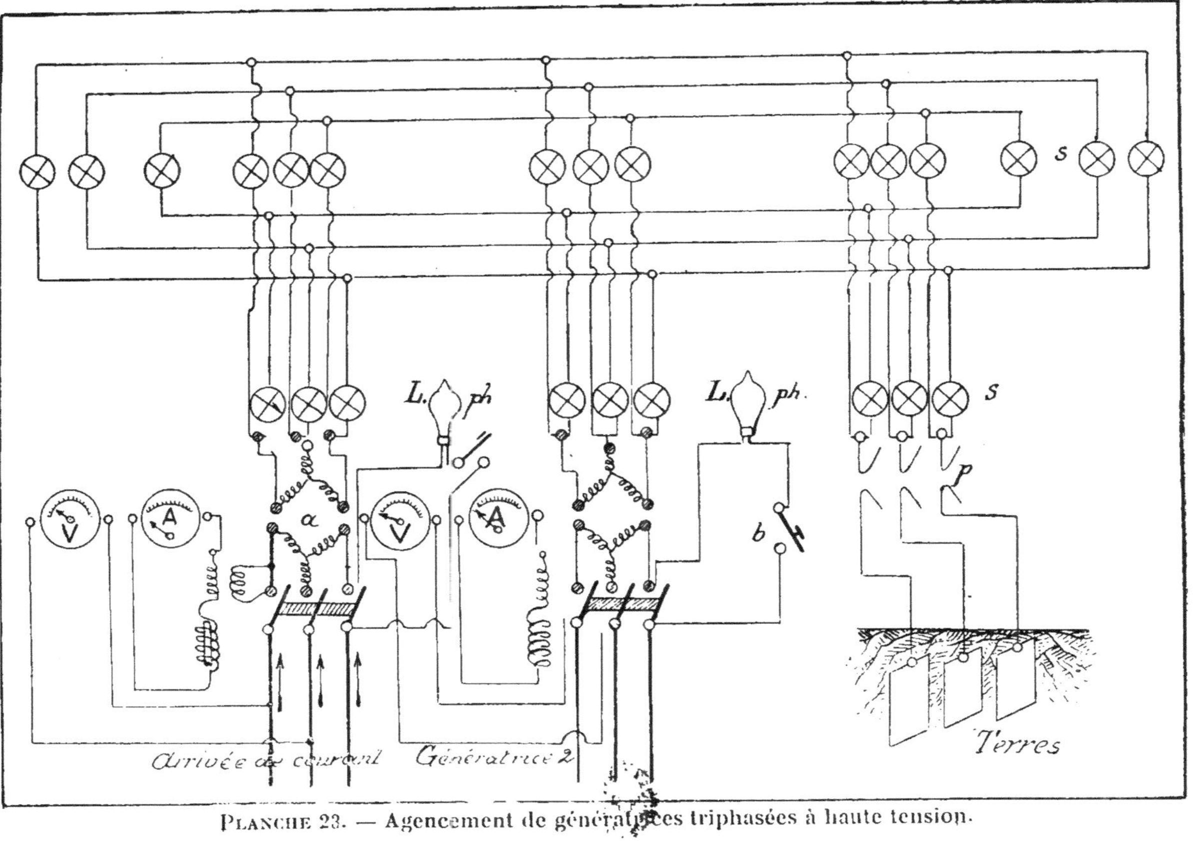

PLANCHE 23. — Agencement de génératrices triphasées à haute tension.

PLANCHE 24

Procédé Scott de transformation en triphasés de courants diphasés

La planche 24 qui suit montre la disposition adoptée pour transformer les courants alternatifs diphasés en courants triphasés, disposition imaginée par l'électricien Scott et qui a reçu de nombreuses applications dans les secteurs urbains de périmètre assez étendu.

Le plus ordinairement quand il s'agit de modifier les constantes de courants diphasés, on emploie deux transformateurs de monophasé, intercalés sur chaque courant et dont la puissance est égale à la moitié de la puissance totale à transmettre. Dans le dessin, le transformateur *a* est branché sur une les canalisation de courants diphasés à quatre fils, et nous voyons connexions de l'alternateur fournissant les courants alternatifs décalés d'un quart de période, ainsi que celles du transformateur débitant des courants triphasés sur le secondaire.

Le transformateur *b* est monté sur une distribution de courants diphasés à trois fils ; le montage de cet appareil diffère du précédent par ce fait qu'il est bon de prévoir, sur le côté diphasé de ce transformateur, un troisième enroulement. On peut également distinguer sur ce tracé les connexions de la génératrice telle qu'elle doit être aménagée dans le cas d'une distribution à trois fils.

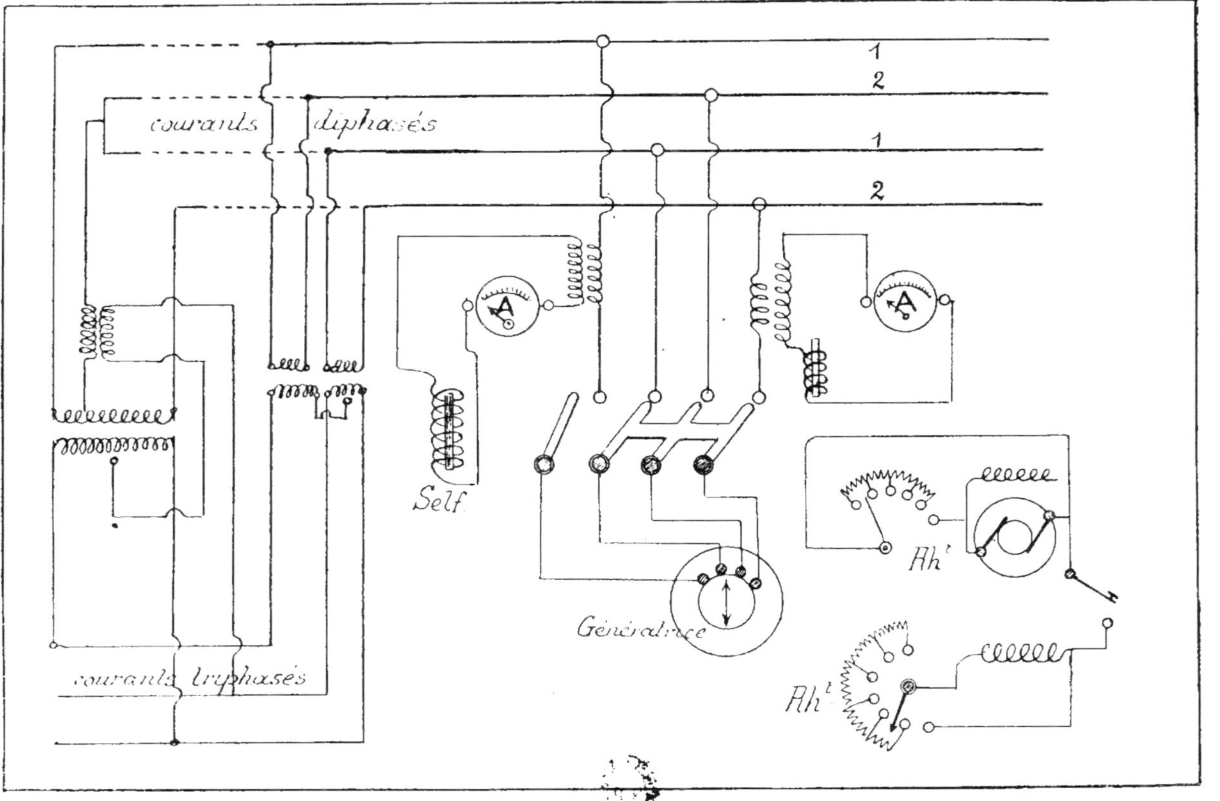

PLANCHE 24. — Procédé Scott de transformation en triphasés de courants diphasés.

PLANCHE 25

Agencement de moteurs asynchrones à courant monophasé

La vitesse d'un moteur asynchrone n'est pas intimement liée à la pulsation ou fréquence du courant qui l'alimente, que celui-ci soit mono ou polyphasé. Quel que soit le nombre de phases de ce courant, on peut ranger ces moteurs en deux catégories : ceux à induit en court-circuit et ceux à induit enroulé.

Dans les modèles actuellement en service dans l'industrie, l'inducteur est fixe, c'est le *stator* et l'induit ou *rotor* qui est mobile. Pour fonctionner dans les meilleures conditions possibles de rendement et restreindre le glissement ou décalage de phase, les moteurs de ce genre doivent avoir un entrefer réduit au minimum ; cette condition ne peut être satisfaite que grâce à une extrême robustesse et une grande précision dans l'ajustage de l'organe mobile. Cet induit est constitué par une série de spires rectangulaires disposées suivant les plans diamétraux d'un cylindre ou d'un tambour. Chacune de ces spires est donc formée de quatre portions : deux suivant les génératrices opposées du cylindre magnétique et deux autres diamétrales. Les fils d'un rotor en cage d'écureuil peuvent être posés à la surface externe du tambour magnétique ; leurs faces sont reliées par deux bagues.

Ces fils peuvent également être logés dans des encoches pratiquées à la périphérie des tôles formant le noyau ou passer dans des trous poinçonnés dans les flasques ; leurs extrémités sont ensuite soudées à des anneaux de cuivre sur lesquels viennent appuyer les frotteurs amenant le courant.

Les induits non bobinés possèdent l'avantage d'une très faible résistance, forcément invariable. Or, il est possible d'augmenter le couple moteur d'une machine de ce genre en accroissant la résistance du rotor et en réalisant un décalage entre les tensions dans deux enroulements distincts prévus sur le stator, ce qui peut être obtenu en intercalant une résistance inductive ou bobine de self dans l'un et une résistance non inductive dans l'autre. Le démarrage est ainsi assuré ; lorsque le moteur tourne, ces résistances sont mises en court-circuit par l'interrupteur-inverseur de démarrage.

Le mouvement de rotation est déterminé quel que soit le nombre de circuits, et c'est ce qui permet de faire usage d'un bobinage à deux ou trois phases, puisque ce nombre n'est pas forcément lié à celui des phases du courant inducteur. Le principal avantage de ces induits bobinés, c'est que l'on peut, par l'intermédiaire de bagues ou de balais, réunir les enroulements à des rhéostats introduisant des résistances variables dans le circuit. Pour réaliser le démarrage et le décalage comme avec les induits en court-circuit, on ajoute donc ces résistances. Dès que le moteur tourne, l'interrupteur-inverseur est ramené à la position de marche et les résistances progressivement retirées. Ce démarreur donne en même temps la possibilité de régler la vitesse dans des limites assez étendues.

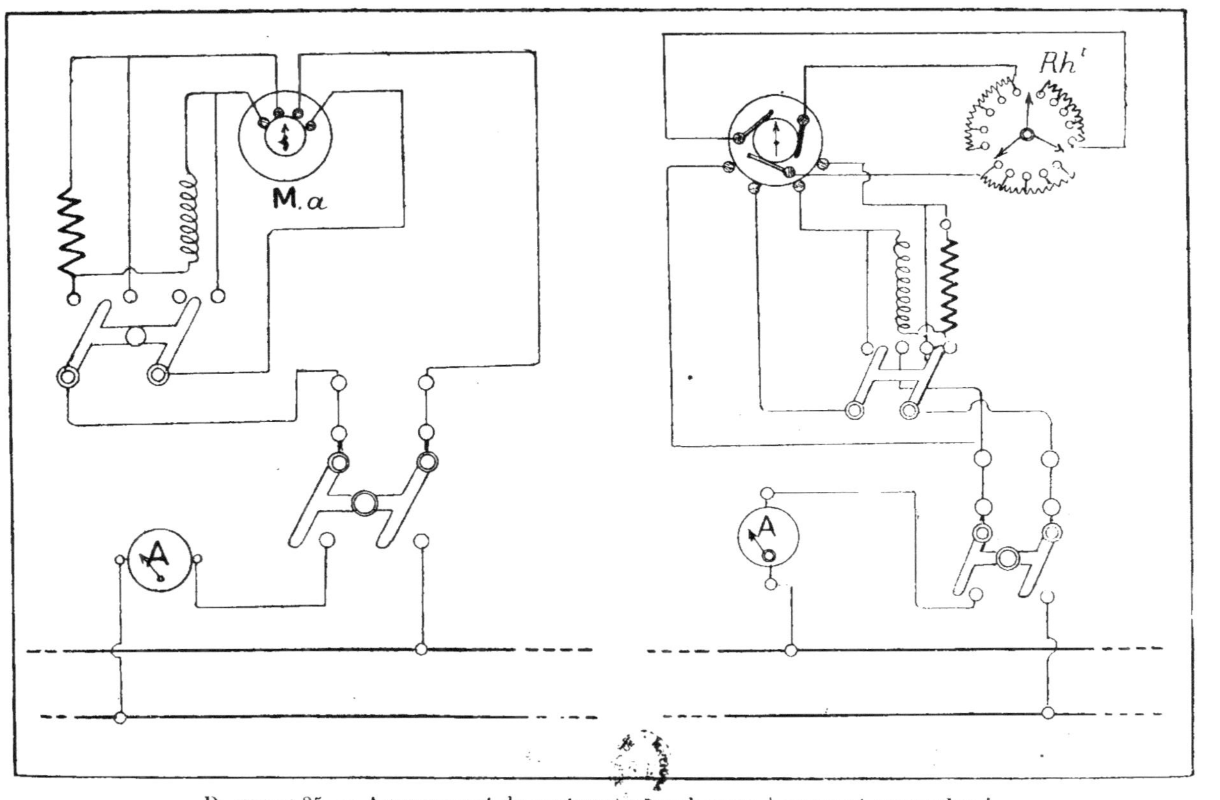

Planche 25. — Agencement de moteurs asynchrones à courant monophasé.

PLANCHE 26

Agencement de moteurs asynchrones à induit bobiné

Les deux dessins ci-contre sont relatifs aux dispositions qu'il convient de donner à des moteurs asynchrones à courants triphasés avec induits bobinés selon qu'ils ne doivent tourner que dans un seul sens ou dans les deux sens.

Dans certains petits modèles, le démarrage est obtenu par la manœuvre d'un commutateur à deux directions ; lorsque la manette est sur le premier plot, on enclanche une phase auxiliaire et une bobine de self-induction qui est mise ensuite hors circuit, une fois la vitesse normale atteinte, en plaçant la manette sur le deuxième plot. Les types de grande puissance sont mis en route par un procédé analogue, mais on intercale en même temps dans les circuits du rotor une résistance additionnelle que l'on retire après quelques instants.

Les moteurs asynchrones à courants polyphasés présentent une résistance spécifique très élevée puisque la charge maximum n'est pas indiquée, comme avec les réceptrices à courant continu, par des étincelles au collecteur. Cette puissance spécifique atteint 30 kilogrammes par cheval dans les faibles forces et s'élève à 50 kilogrammes dans les fortes unités. Au point de vue purement électrique, les moteurs asynchrones présentent de sérieuses qualités. Leur échauffement est insignifiant, la chaleur n'étant pas localisée et la ventilation facile à réaliser, ce qui leur permet de subir des surcharges momentanées considérables, limitées seulement par le couple statique maximum développé au moment du démarrage. Ce couple peut présenter une valeur très élevée et atteindre quatre ou cinq fois la valeur normale du couple en pleine vitesse. Sous l'action d'un couple aussi énergique, le sens de rotation peut être renversé en moins de 15 secondes.

Dans un moteur prévu pour les deux sens de rotation, tel qu'il est indiqué sur notre dessin de droite, le changement de marche est réalisé par l'inversion de deux phases au moyen d'un interrupteur-inverseur branché sur le stator. Quand le moteur a été construit pour tourner toujours dans le même sens, on intercale le démarreur dans le circuit du rotor qui se trouve mis en cour-circuit lorsque le moteur tourne· L'interrupteur du stator est pourvu d'une bobine de disjonction provoquant automatiquement la mise hors circuit du moteur quand le courant vient à manquer sur la ligne.

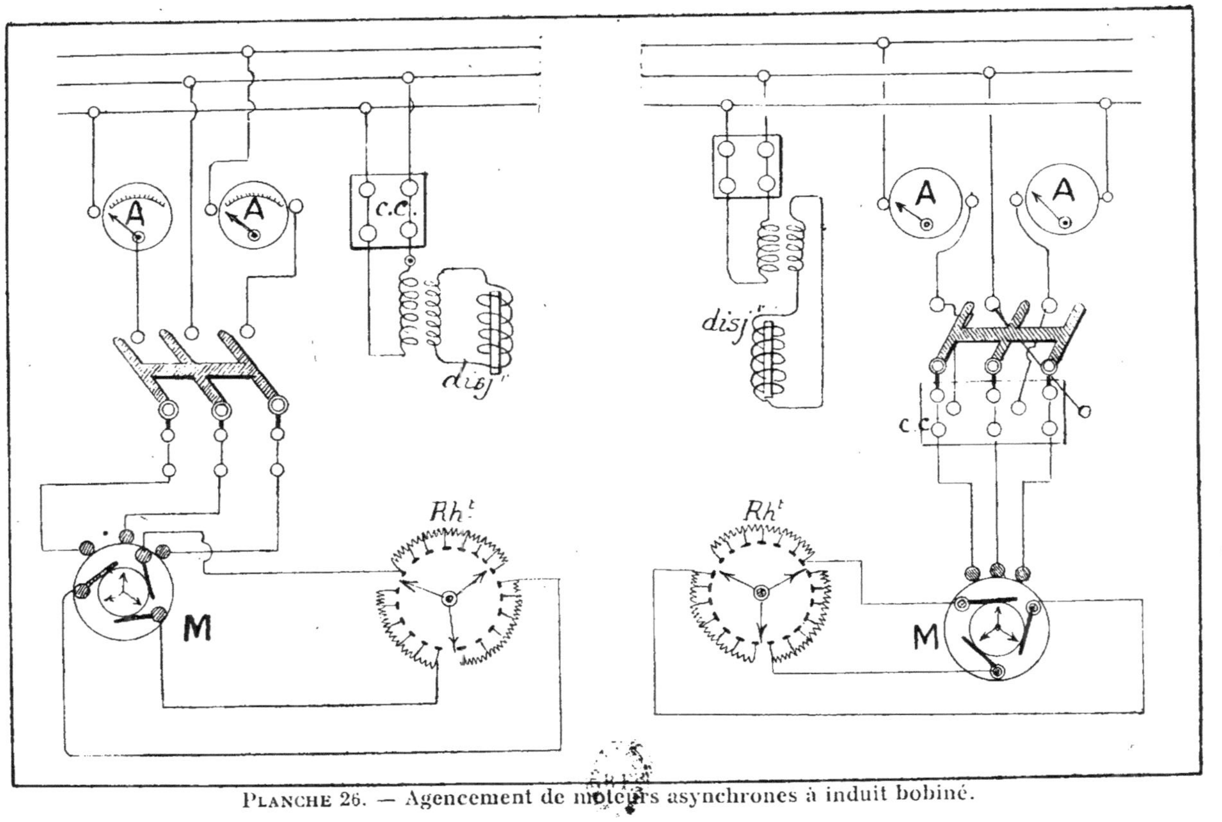

PLANCHE 26. — Agencement de moteurs asynchrones à induit bobiné.

PLANCHE 27

Montage pour récupération d'énergie

Ce schéma montre comment doit s'effectuer le montage d'un moteur asynchrone à courants triphasés fonctionnant avec un moteur à collecteur auquel il est lié par un accouplement direct et des connexions électriques ce qui permet de réaliser la récupération de l'énergie par moyens mécaniques.

Le moteur principal *Tr* est du genre à induit bobiné ; l'enroulement de cet induit peut être fermé sur le rhéostat de démarrage pour la mise en route par l'intermédiaire du commutateur D, puis, la vitesse normale étant atteinte, sur les circuits du moteur à collecteur à courants triphasés. Cette vitesse est réglée ensuite en intercalant dans les enroulements du rotor du moteur principal la force contre-électromotrice du moteur à collecteur, force qui dépend du glissement de celui-ci et vient s'opposer à la force électromotrice induite dans le rotor par suite du glissement. On la règle en agissant sur le champ magnétique du moteur à collecteur à l'aide du petit transformateur dont un nombre de spires, variable selon le cas, sont mises en circuit à l'aide du commutateur E. L'énergie absorbée pour réduire la vitesse du moteur pricipal à une valeur donnée est ainsi récupérée par le moteur à collecteur qui alors l'entraîne dans son mouvement.

On parvient, grâce à cette combinaison, à améliorer sensiblement le par facteur de puissance du moteur principal, en raison du décalage qui se produit de l'intensité des courants traversant le rotor proportionnellement à la force électromotrice mesurée aux bornes du stator.

Si l'on veut comparer entre eux les divers systèmes de moteurs électriques asynchrones alimentés de courants alternatifs simples ou polyphasés, on remarquera que le démarrage à vide est facile avec les courants à plusieurs phases, tandis qu'il faut recourir à divers artifices pour mettre en route les moteurs alimentés de courant monophasé. De plus, celui-ci ne saurait supporter la moindre surcharge, même momentanée, comme un asynchrone; sa charge normale suffit même parfois à amener le décrochage si elle lui est trop brusquement appliquée. Le facteur de puissance est sensiblement plus élevé avec les asynchrones, dont la vitesse peut être réglée à volonté ainsi que nous l'avons expliqué, simplement par l'intercalation de résistances appropriées dans le bobinage du rotor.

Il résulte donc de ces considérations que les courants polyphasés présentent de très sérieux avantages avec les moteurs à champ magnétique tournant ; et que, pour les applications à la commande des machines, surtout lorsque la station génératrice est située à une grande distance du centre à desservir, ils sont supérieurs au courant continu, en raison de la facilité de leur transformation.

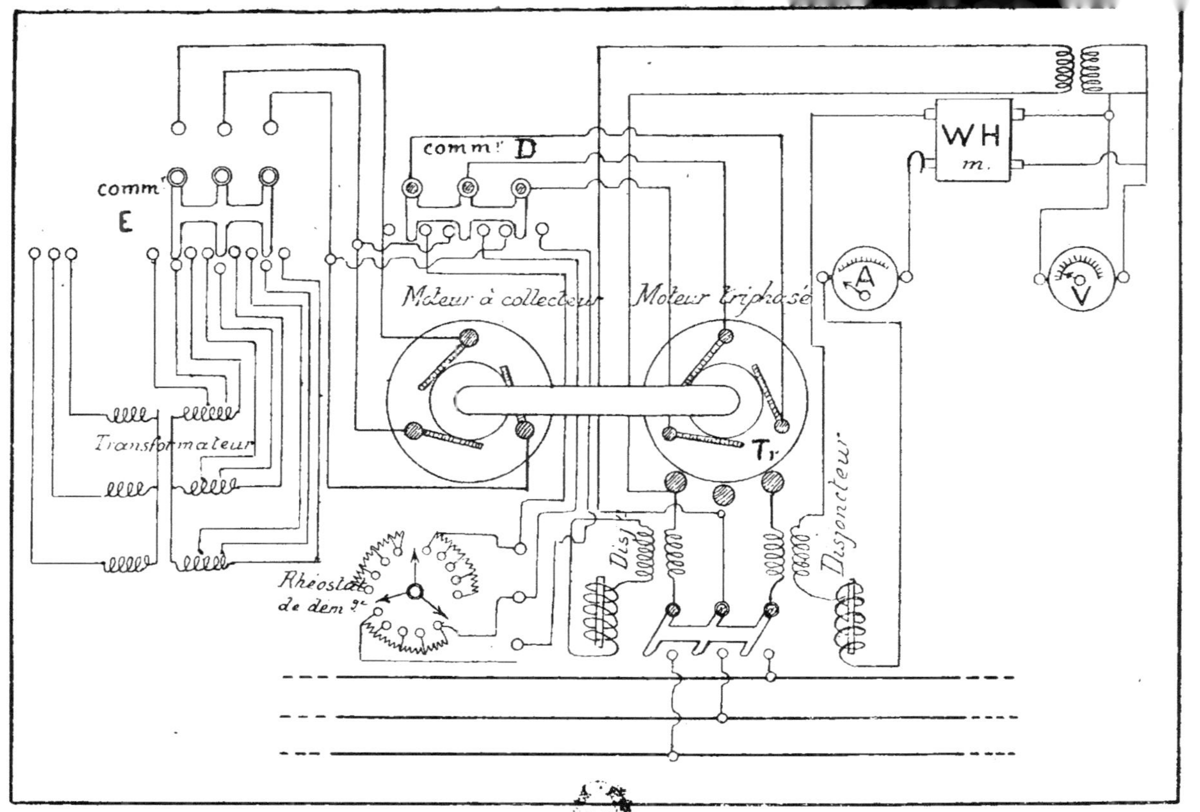

PLANCHE 27. — Montage d'un moteur asynchrone pour récupération d'énergie.

PLANCHE 28

Agencement d'un convertisseur

L'expérience a montré que l'association d'une réceptrice de courant continu ou alternatif et d'une dynamo, ce que l'on appelle un transformateur tournant ou groupe moteur-générateur ne fournissait qu'un rendement inférieur à ce qu'on appelle un *convertisseur électrique*. Un convertisseur réunit en un unique appareil compact le moteur à courant alternatif et la génératrice de continu, avec un seul inducteur et un induit unique. Associé avec un transformateur approprié, le convertisseur forme un ensemble pratique de rendement élevé, de surveillance facile, enfin moins coûteux qu'un groupe de deux machines liées par un accouplement.

L'induit d'un convertisseur est composé d'une carcasse magnétique recouverte d'un enroulement exactement semblable à celui d'une dynamo et en connexion, d'une part avec un collecteur et des balais, d'autre part avec des bagues reliées à des points convenables choisis sur cet enroulement. Le courant alternatif circule donc dans le même fil où le courant continu prend uaissance. Cette coexistence de deux genres de courants dans le même enroulement peut s'expliquer comme suit : toute bobine ou tout ensemble de bobines de l'induit est la source d'une force électromotrice alternative lorsque la machine est en marche, et c'est seulement par la commutation que cette force électromotrice alternative est transformée en force électromotrice à peine sinushoïdale, c'est-à-dire presque continue.

Dans un convertisseur, la force électromotrice alternative développée dans les bobines de l'induit mobile, agit comme force électromotrice par rapport au courant alternatif. Celui-ci passe, en effet, à travers les anneaux collecteurs, traverse les enroulements de l'induit en opposition avec la force contre-électromotrice. Cette même force électromotrice alternative, redressée par le commutateur, donne la tension du courant continu. Il se produit donc une neutralisation partielle entre et le courant alternatif qui entre et le courant continu qui sort.

Un convertisseur a donc pour effet de transformer en continu le courant alternatif mono ou polyphasé qui lui est transmis, quelle que soit la fréquence de ces courants, de 25 à 100 périodes par seconde et au delà. Toutefois, la caractéristique de ce genre d'appareil diffère de celle d'une dynamo en ce qu'il subit la variation de voltage des génératrices dont il reçoit le courant. Si la capacité de celles-ci est élevée par rapport au convertisseur, leur tension ne sera pas affectée par les variations de charge extérieure ; bien au contraire, ces variations réagiront sur la tension fournie par le convertisseur et contribueront à le régler.

Les convertisseurs à deux bagues transformant en courant continu le courant alternatif monophasé ne sont employés que pour des unités de puissance restreinte les conditions de fonctionnement étant défectueuses et ne permettant pas d'atteindre le synchronisme des génératrices. A courant égal circulant dans les conducteurs, la tension du courant continu n'est que les deux tiers environ de celle fournie efficacement au moteur alternatif. La fréquence peut être réglée par l'excitation quand la machine est destinée à transformer en monophasé du continu.

Les convertisseurs à trois bagues sont plus anciennement connus que ceux à quatre et six bagues qui transforment en continu des courants triphasés ou inversement et présentent un rendement supérieur. Les attaches des bagues dépendent de l'agencement de l'induit, selon qu'il est enroulé en série ou en shunt. Il est plus économique d'avoir six bagues, correspondant chacune à des points également distants l'un de l'autre sur l'enroulement (60° dans le cas d'une machine bipolaire). Les connexions avec les circuits des transformateurs sont opérées suivant deux combinaisons dites l'une en *double triangle* et l'autre en *diamétral*, cette dernière étant préférable en raison de la stabilité qu'elle procure.

Dans notre schéma, le courant d'alimentation est à haute tension ; un transformateur abaisse cette tension pour circuler dans le moteur asynchrone à courants triphasés et induit bobiné. Pour éviter un courant trop intense au moment du démarrage, on intercale dans le circuit un compensateur formé de trois rhéostats inductifs que l'on retire ensuite successivement du circuit.

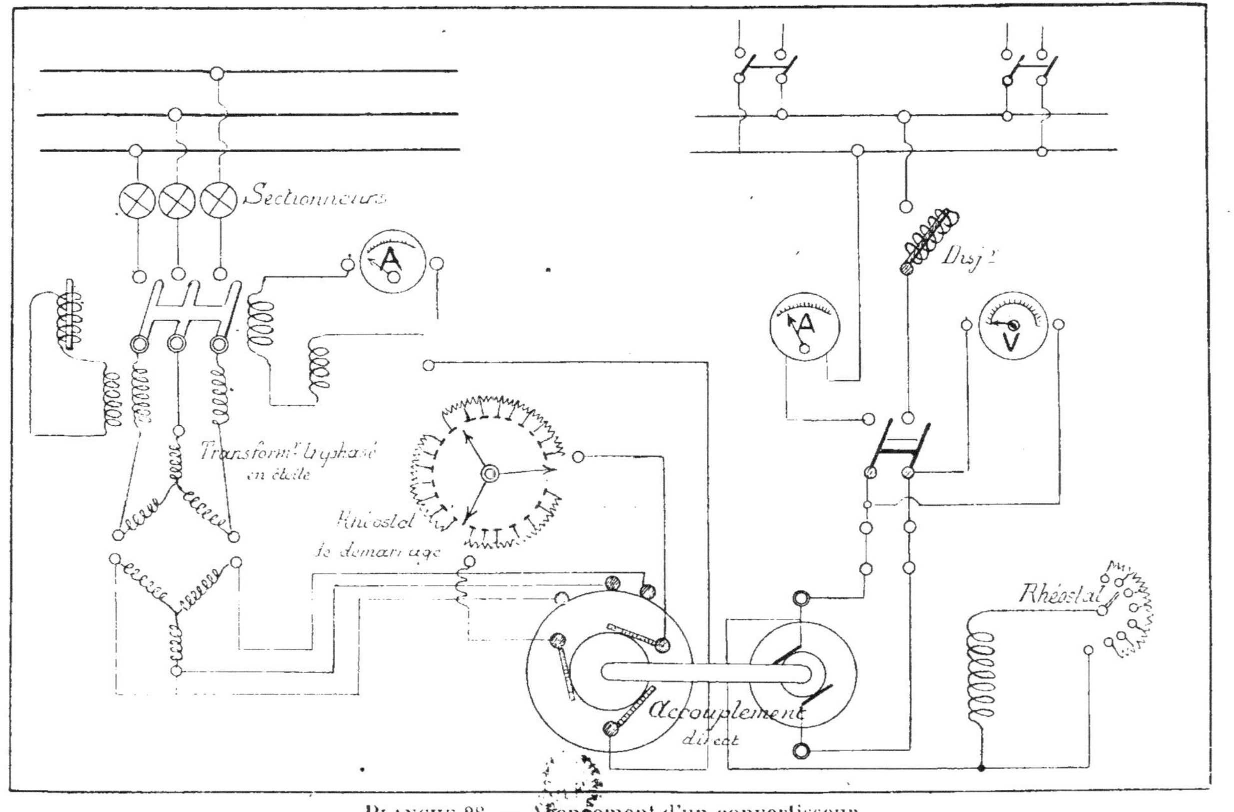

PLANCHE 28. — Agencement d'un convertisseur.

PLANCHE 29

Protection contre les surtensions accidentelles

Les deux figures de cette planche sont réservées à l'étude des dispositifs de sécurité contre les surtensions pouvant se produire sur les canalisations de transport d'énergie, la figure 1 envisageant le cas des lignes aériennes et la figure 2 celui des canalisations souterraines.

Pour protéger les conducteurs aériens contre les surtensions imputables à des causes internes, telles que présence d'harmoniques, ruptures de courant, etc., les appareils limiteurs de tension sont constitués par une combinaison de condensateurs couplés en parallèle entre eux afin d'assurer une mise en service graduelle et éviter un court-circuit à la terre. La tension à partir de laquelle ces condensateurs commencent à fonctionner est réglée par des appareils à rouleaux L agissant comme éclateurs. Les bobines de self combattent les surtensions provenant des charges statiques. Quant aux surtensions provenant de causes externes, les condensateurs *b* agencés pour recevoir les décharges oscillantes de haute fréquence parviennent à les combattre efficacement. Ces condensateurs, comme les précédents, sont séparés des lignes par les limiteurs de tension qui ont pour effet, en cas de surtension, de laisser jaillir une étincelle déclanchant les appareils de préservation. Quant aux bobines de self E intercalées sur les lignes mêmes, leur but est d'enrayer l'effet des surtensions sur le réseau. B est un circuit de mise à la terre.

Dans le cas de lignes de distribution enterrées dans le sol, les surtensions que l'on peut enregistrer résultent d'une part des charges statiques, d'autre part d'effets internes et il n'y a plus à se préoccuper des causes externes. Les appareils de protection sont formés de batteries de condensateurs, de limiteurs de tension à rouleaux, enfin de bobines de self s'opposant au passage des charges statiques succeptibles de détériorer les canalisations ou les machines. B est, comme dans le cas précédemment considéré, un dispositif de sécurité de mise à la terre des câbles.

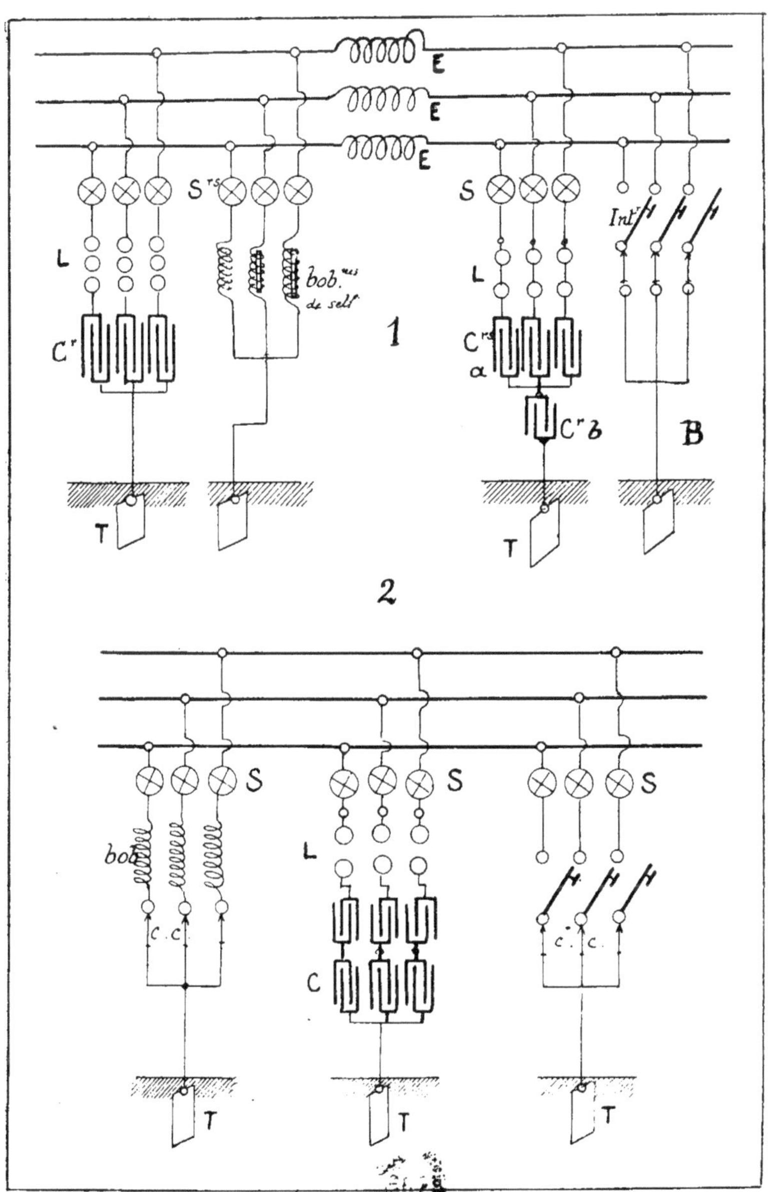

PLANCHE 29. — Projection contre les surtensions accidentelles sur les lignes de transport de force. — 1. Canalisations aériennes. — 2. Canalisations souterraines.

PLANCHE 30

Montage des clapets ou soupapes électrolytiques

Il est de très nombreuses circonstances où le courant distribué par un secteur d'électricité ne peut convenir à l'alimentation des appareils. Tel est le cas par exemple lorsqu'il s'agit de charger des accumulateurs, alimenter des bains galvanoplastiques ou des appareils électromédicaux exigeant du courant continu alors que l'on dispose que de courant alternatif mono ou polyphasé de fréquence quelconque. On est obligé alors d'employer un transformateur tournant, groupe moteur-générateur ou un convertisseur, ce qui est peu pratique lorsque la dépense d'énergie est peu considérable, ou alors un clapet ou soupape électrolytique.

Les cinq figures de la planche 30 donnent les schémas de montage de ce genre d'appareils qui comportent un nombre de bacs variable suivant le nombre de phases du courant sur lequel on les branche.

Quand on utilise un clapet électrolytique à un seul bac sur secteur alternatif monophasé, le courant n'est utilisé que pendant une demi-période. Dans le cas de charge d'accumulateurs, la durée de charge doit être augmentée en conséquence. Le montage s'effectue comme suit : le clapet C*l* est monté en série avec l'appareil d'utilisation, un ampèremètre A, une résistance réglable ou un rhéostat et deux interrupteurs d'entrée et de sortie *a* et *b*. Pour charger des accumulateurs, il faut observer de relier l'électrode de plomb *p*.

Dans le modèle à deux bacs (fig. 2) on utilise la période complète du courant alternatif, lorsqu'il s'agit d'obtenir un courant continu pour l'alimentation de moteurs ou de bobines d'induction ; le clapet doit comporter deux ou quatre éléments. Le dispositif à deux bacs exige l'adjonction d'un transformateur spécial T*r* avec prise de courant au milieu de l'enroulement. Cet agencement n'utilisant que la moitié de la tension du courant alternatif, le transformateur est combiné de manière à servir en même temps de survolteur dans le cas où le courant est distribué à 110 volts ou de dévolteur quand la tension est de 220 volts ou plus.

Le montage à quatre bacs (fig. 3 et 4) dit montage en pont de Wheatstone utilise également la période complète du courant; c'est le plus pratique car il convient à toutes les applications nécessitant un voltage de 110 volts au circuit redressé. La figure 3 est un schéma de l'installation qui comprend un transformateur dévolteur T, et une résistance réglable *Res* permettant de faire varier l'intensité mais ne devant jamais être placé dans le circuit alternatif, sa place étant dans le circuit redressé. Les deux ampèremètres doivent être électromagnétiques ou thermiques.

Enfin le dispositif à six bacs (fig. 5) est destiné à l'utilisation des courants triphasé car il travaille sur les trois phases de ces courants pendant toute la durée de leur période. Pour toutes les applications, ils fonctionnent comme les types à quatre bacs. Le schéma 5 montre comment doivent s'effectuer les connexions des éléments entre eux et avec la source d'une part, les appareils employant le courant redressé de l'autre. Dans le cas où la distribution de courant ne comporterait que deux fils le modèle à quatre bacs serait suffisant.

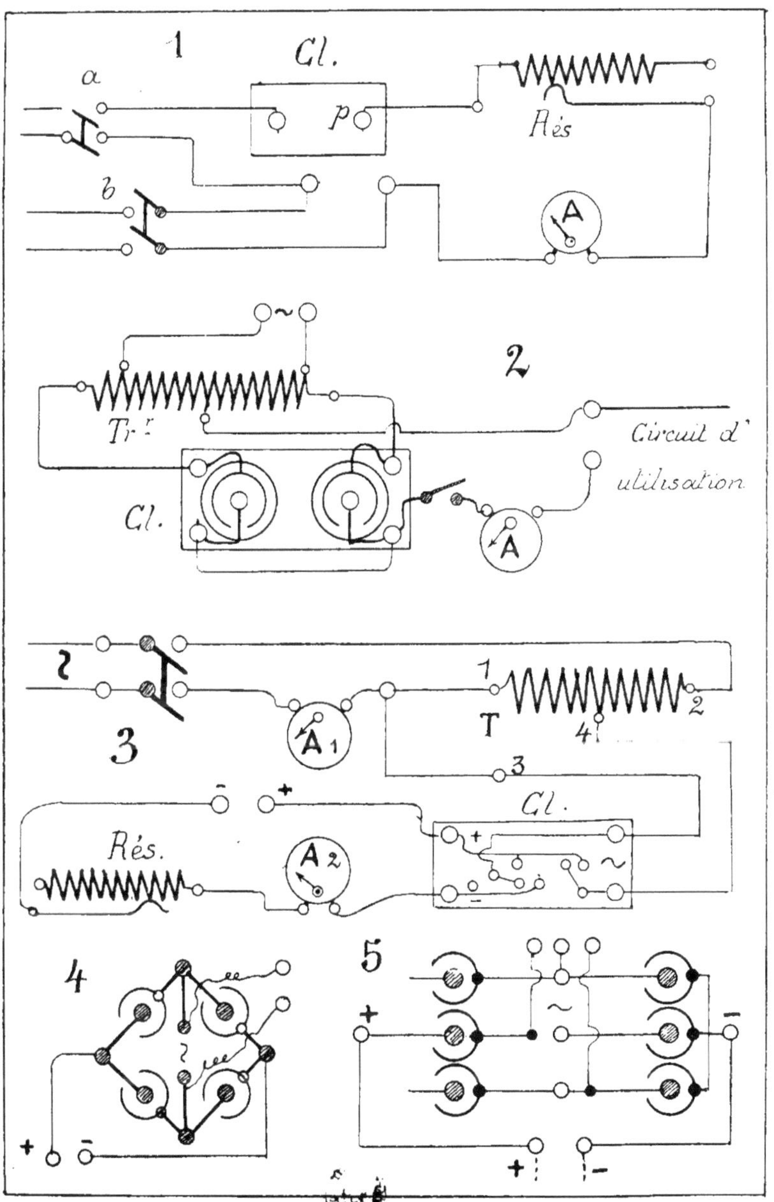

PLANCHE 30. — Montage de clapets électrolytiques.
1. A un seul bac. — 2. A deux bacs. — 3 et 4. A quatre bacs. — 5. A six bacs.

PLANCHE 31

Connexions électriques d'une voiture automotrice de tramway

Ce schéma montre comment sont opérées les diverses connexions des conducteurs assurant le service de la traction et celui de l'éclairage des voitures automotrices de tramways à trolley.

Le courant continu à 550 ou 600 volts est amené au véhicule par un fil de travail suspendu à des poteaux et le long duquel roule une roulette en bronze disposée à l'extrémité d'une perche de 4 à 6 mètres de longueur, fixée sur le toit de la voiture par une articulation à pivots et à ressorts, dont le but est d'obliger la roulette du trolley à appuyer constamment sur la face inférieure du fil de travail.

Les voitures sont presque toujours pourvues de deux moteurs, réceptrices à quatre pôles. La commande des essieux est opérée par une seule paire d'engrenages et le poids de ces moteurs, capables de fournir 25 à 28 chevaux, avec du courant à 600 volts, est de 650 à 700 kilogrammes. L'induit est disposé de telle façon que ses enroulements ne puissent se détériorer ; ceux-ci présentent trois dispositions différentes suivant les conditions de marche à réaliser et correspondent aux vitesses à atteindre, depuis 6 jusqu'à 30 kilomètres à l'heure.

Le contrôleur ou *combinateur* sert, comme son nom l'indique, à opérer toutes les combinaisons de couplage nécessitées par les besoins de la traction. Il se compose d'un cylindre en matière isolante, sur la surface duquel sont disposées des bandes de cuivre de longueur variée et convenablement associées les unes aux autres. Sur ces parties métalliques viennent appuyer des frotteurs fixes reliés électriquement aux divers circuits du moteur. En faisant tourner le cylindre, dont l'axe est vertical, sur son axe à l'aide d'une manivelle, on réalise les diverses connexions prévues et qui permettent les combinaisons suivantes :

1° Couplage des deux moteurs en tension avec une résistance.

2° Couplage des deux moteurs en parallèle avec une résistance.

Une poignée distincte, placée au-dessus de la boîte métallique renfermant le combinateur, donne le moyen de renverser le sens de marche en inversant le sens de circulation du courant dans les inducteurs. Un souffleur magnétique adjoint à l'appareil éteint les étincelles de rupture qui pourraient détériorer les contacts, et des commutateurs permettent de mettre hors circuit l'un ou l'autre des deux moteurs en cas d'avarie.

Le circuit d'éclairage de la voiture comporte dix lampes de 110 volts montées en deux séries de cinq sur le courant à 550 volts amené par le fil de travail. Un commutateur permet de mettre en circuit l'une ou l'autre des deux séries de lampes.

Dans notre schéma, nous avons représenté les diverses connexions d'un tramway à deux contrôleurs, pour l'avant et l'arrière, disposition qui présente l'avantage d'éviter le retournement de la voiture aux terminus. L'un des deux appareils est mis en court-circuit pendant que l'autre travaille. Le retour du courant est assuré par les rails, qui sont reliés les uns aux autres par des éclissages en cuivre de faible résistance électrique, et de là à la borne négative de départ du tableau de distribution.

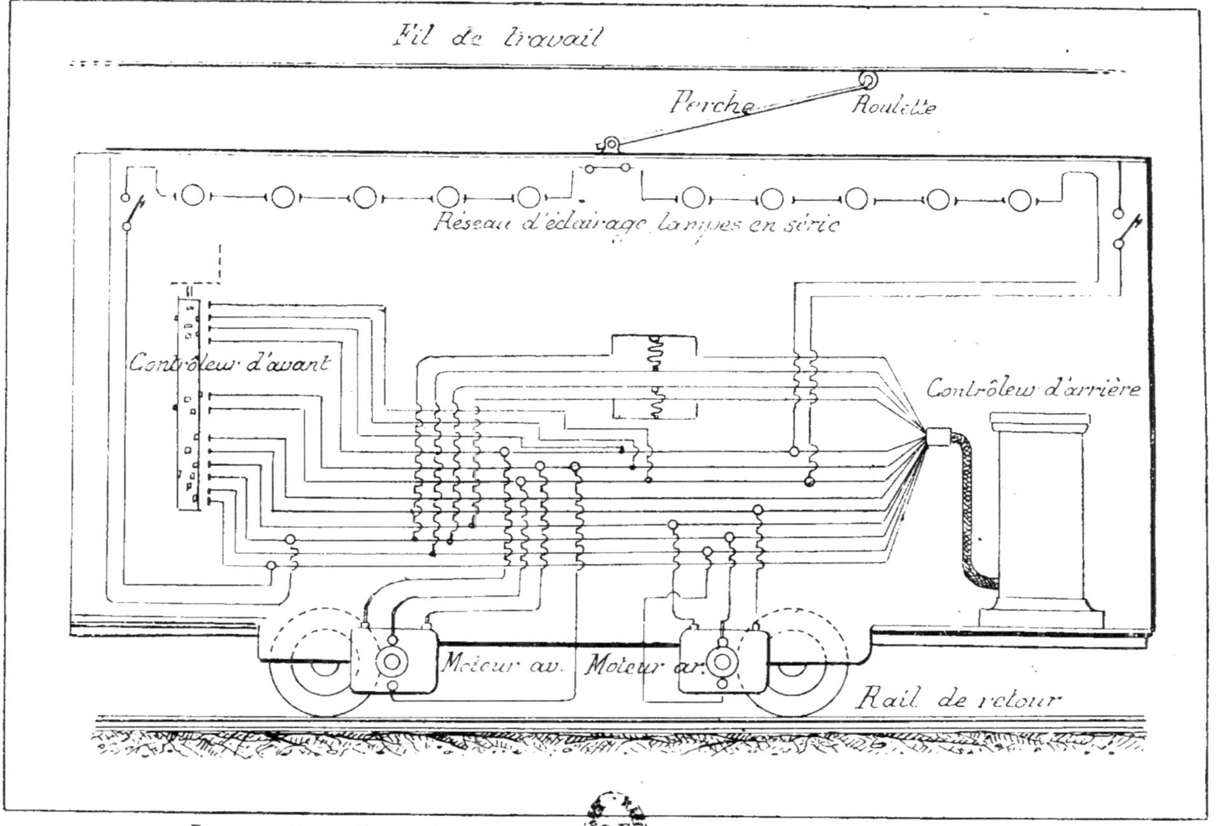

PLANCHE 31. — Connexions électriques d'une voiture automotrice (tramway).

PLANCHE 32

Connexions d'une sous-station à fonctionnement automatique

Ce dernier schéma se rapporte à une combinaison fort intéressante, récemment étudiée et mise en service par la Cie Française Thomson-Houston et il donne une idée des connexions d'un tableau dans une sous-station à fonctionnement automatique pour traction ou éclairage.

Le but de cet agencement est de supprimer la présence coûteuse d'un surveillant, dont le travail est presque nul, dans ces sous-stations, en faisant exécuter les quelques manœuvres qui peuvent être nécessaires, par des instruments fonctionnant automatiquement. La main-d'œuvre est donc supprimée, ce qui permet de réaliser de très sérieuses économies, d'autant plus que le résultat à atteindre est parfaitement obtenu. La sécurité est même supérieure, l'intervention se produisant automatiquement dès que la nécessité s'en fait sentir.

C'est un peu ce qui est réalisé, sur les trains électriques avec les unités de traction multiples. Quand ces trains comportent plusieurs automotrices, au lieu de confier la commande des circuits secondaires à un sous-wattman, on préfère opérer les combinaisons de circuits par des appareils fonctionnant synchroniquement avec ceux que manœuvre l'unique wattman conducteur du train.

L'automaticité, dans les sous-stations de ce genre, est obtenue d'une manière analogue par un système de contacteurs et de relais combinés avec un contrôleur à commande par moteur électrique. Les services qui peuvent être assurés sont la mise en marche des appareils de transformation, leur arrêt et leur contrôle en marche. Les dispositions sont telles que l'appareillage entre en action par les besoins de la charge, une machine ou un transformateur étant mis en circuit ou retiré, selon que la consommation d'énergie est plus ou moins grande. Les dispositifs de protection sont agencés de façon à accomplir les fonctions confiées d'ordinaire à un électricien dont toute la besogne consiste à exécuter les couplages, et en même temps ils assurent la limitation des surcharges, celle de la température, et la mise hors circuit en cas d'accident du côté alternatif ou continu de la distribution. Le fonctionnement ne dépend donc plus de l'attention ni des aptitudes personnelles d'un agent, il devient d'une certitude absolue et écarte tout danger.

Notre dessin, reproduit directement d'après les schémas de la Cie Thomson-Houston, montre l'agencement d'une sous-station équipée d'après les principes qui viennent d'être exposés et qui s'appliquent aussi bien aux sous-stations pour la traction qu'à toute autre catégorie d'installation, par exemple, aux stations hydro-électriques où des servo-moteurs commandent l'ouverture et la fermeture des vannes d'arrivée d'eau dans les turbines et la mise en parallèle des unités de secours.

Cette combinaison, qui a reçu de nombreuses applications aux Etats-Unis et en Europe pour les applications qui ont été énumérées plus haut, peut être mise à profit dans une foule de circonstances qui se rencontrent dans la pratique journalière.

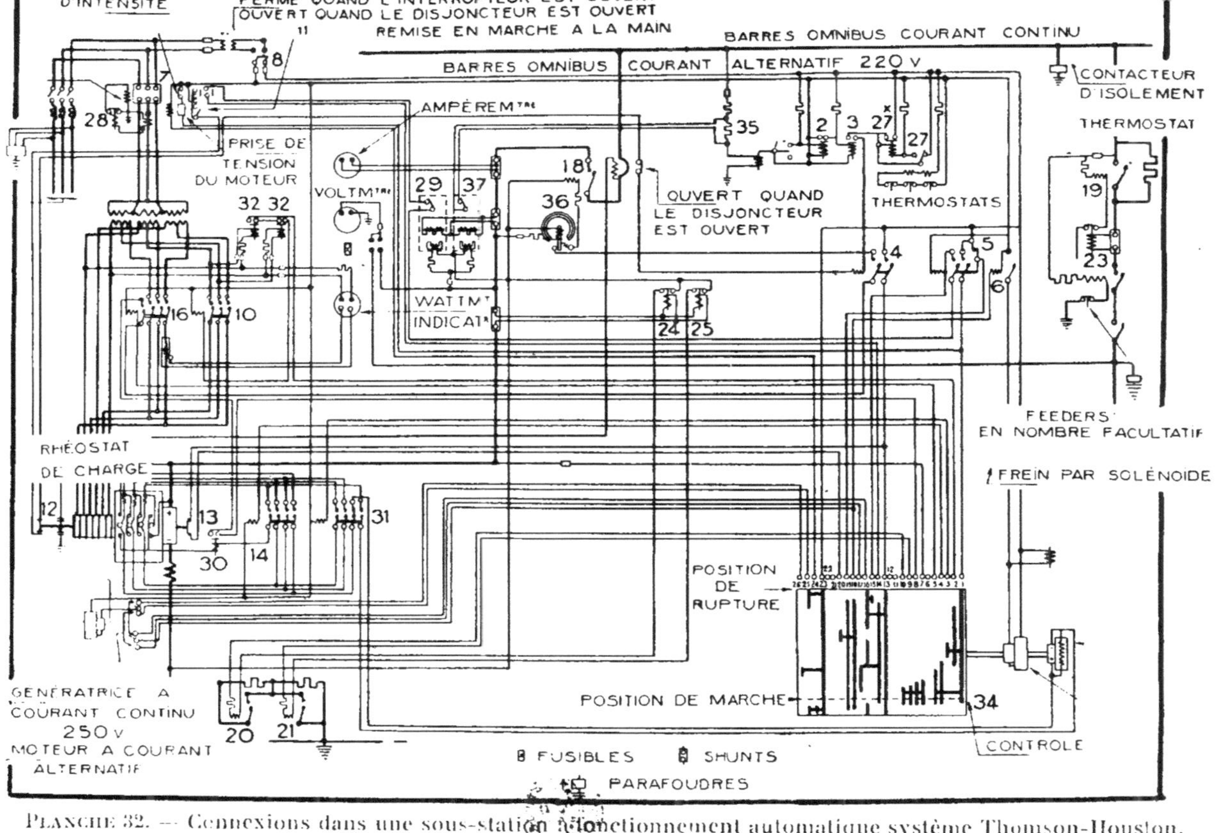

PLANCHE 32. — Connexions dans une sous-station à fonctionnement automatique système Thomson-Houston.

SAINT-AMAND (CHER). — IMPRIMERIE BUSSIÈRE

Pl. XXVII.

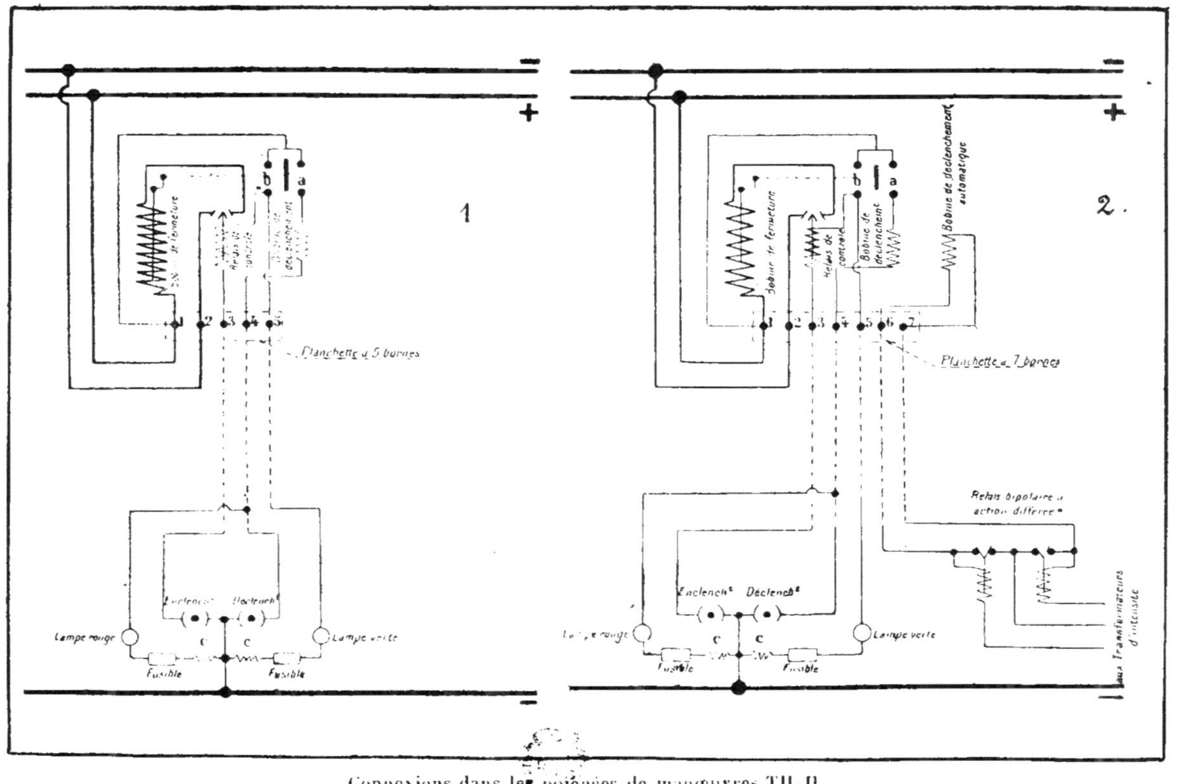

Connexions dans les poignées de manœuvres TH-B.

PARIS. — IMPRIMERIE GAUTHIER-VILLARS ET Cie,

70339 55, quai des Grands-Augustins.

Librairie GAUTHIER-VILLARS et Cie. 55, Quai des Grands-Augustins, PARIS

Encyclopédie industrielle

Aéroplanes, par H. de Graffigny..... 8 »
Aérostation, par de Fonvielle....... 10 »
Alcool (Fab. de l'), par Robinet et Cane.. 6 »
Alcools (Table des), par Dussert...... 9 »
Aluminium, par Ad. Minet. 2 vol...... 18 »
Ammoniaque (Fab. de l'), par Truchot. 12 »
Automobile (Catéchisme) de Graffigny. 7 50
Automobiles (Constructeur) par Farman. 13 50
Boulanger, par E. Favrais.......... 12 »
Brasseur-Chimiste, par Fontaine..... 10 »
Bridge (Manuel du), par Beveillaud.... 8 »
Briquetier (Manuel du), par Lejeune... 15 »
Catéchisme des Chauffeurs......... 10 »
Chaufournier-Plâtrier, par Lejeune... 15 »
Chemins de fer, par Bellet et Darville (Constructions (1re partie)...... 8 »
Cité moderne, par Bellet et Darvillé. 15 »
Conserves alimentaires, par de Noter. 7 50
Constructions rustiques, Hasluck.... 6 »
Corne (Manuel de la), par Pégat...... 4 »
Corps gras, par Villon.............. 12 »
Couleurs (Fabricant), par Coffignier... 20 »
Diamant artificiel, par de Boismenu... 10 »
Dorure, Argenture, par Ghersi....... 14 »
Eclairage électrique (Album de plans de pose d'), par H. de Graffigny..... 7 »
Electricité (Album de plans de pose de Force par l'), par H. de Graffigny... 7 »
Encres (Fabrication), par Desmarest... 12 »
Filature (Manuel de), par J. Dantzer, 3 volumes............................ 15 »
Filets de pêche, par Vannetelle...... 15 »
Galvanoplastie, par Brunel.......... 8 »
Lactose (Fabric.), par Beltzer........ 10 »
Laminage du fer, par Neveu et Henry. 80 »
Légumes et fruits des cinq parties du Monde par R. de Noter (2 vol.). 18 »
Lithopone, par Ch. Coffignier........ 4 »
Machines (Montage), par Blancarnoux. 4 »
Mécanicien de la Marine, 1re partie, par Galopin......................... 6 »
Menuiserie (Manuel de), par Péchalat.. 7 50
Mines (Exploitation), par Lupton....... 20 »
Monteur-Electricien. J. Laffargue.... 30 »
Naturaliste-Empailleur, par Hasluck. 6 »
L'Or, par de la Coux................ 10 »
Papiers (Fabr. de) par Desmarest...... » »
Parfumeur (Manuel du), par Askinson. 12 »
Pêcheur à la ligne, par Lanorville... 7 50
Perles et Nacres, par de Kéghel...... 3 »
Photographie en couleurs. E. Coustet 5 »
Pierre artificielle, par Stoffer....... 9 »
Piles électriques par Michel......... 6 »
Produits d'entretien et de brillantage (Fabrication des) par M. de Keghel 15 »
Produits de Blanchiment (Fab. des), par M. de Keghel................... 15 »
Prospecteur (Manuel du) par Anderson. 10 »
Radium (Le), par J. Escard.......... 6 »
Recettes de la Ferme et du Château, par D. Bellet..................... 4 »
Savonnier (Manuel du), par Calmels.. 7 50
Sonneries électriques (Album de plans de pose), par H. de Graffigny....... 7 »
Soude électrolytique, par Brochet... 20 »
Télégraphie sans fil, par Galopin..... 13 50
Téléphone (Album de plans de pose), par H. de Graffigny.................. 7 »
Téléphone (Manuel du), par Schwartze. 8 »
Téléphonie (Manuel de), Wietlisbach. 8 »
Tourbe et Lignite, par G. Franche.. 4 »
Tramways électriques, par G. Dauesy. 10 »
Vannerie, par Hasluck et Gruny...... 7 »
Vinaigre, par Ch. Franche......... 9 »
Vins rouges et blancs, par Robinet.. 10 »
Vins mousseux, par Robinet......... 10 »

Petite Encyclopédie d'Agriculture

Six volumes, 400 figures

par

MM. Rigaux, Larbaletrier, Legrand et Menui.

Le Lait, le beurre et le fromage....... 6 »
Machines agricoles.................... 3 »
Les Céréales et les Fourrages.......... 3 »
Les Arbres fruitiers et la Vigne........ 6 »
Le Cidre et le Poiré.................. 3 »
Les Volailles, Lapins et Abeilles....... 4 50

Manuel de l'Ouvrier Mécanicien

Treize volumes avec 1500 figures

1. Mécanique générale par G. Franche 6 »
2. Outils, Machines-Outils......... » (sous presse)
3. Forge, Fonderie.............. » 6 »
4. Engrenages, Transmissions...... » 6 »
5. Boulons, Rivets, Chaudronnerie. » (sous presse)
6. Machines à vapeur............ » 15 »
7. Moteurs à gaz............... » 10 »
8. Hydraulique................. » 8 »
9. Tourneur et Fileteur........... » 6 »
10. Dessin d'atelier.............. » 10 »

Manuel de l'Apprenti et de l'Amateur électricien

Cinq volumes avec 500 figures

par MM. Marie, Zéda et de Graffigny

1. Principes d'électricité................ 6 »
2. Sonneries électriques, Paratonnerres.. 5 »
3. Les Téléphones publics et privés....... 5 »
4. Tramways et chem. de fer électriques... 3 »
5. Eclairage électr. dans les appartements... 5 »

76049-25 — Imprimerie Gauthier-Villars et Cie 55, quai des Grands-Augustins, Paris.

www.ingramcontent.com/pod-product-compliance
Ingram Content Group UK Ltd.
Pitfield, Milton Keynes, MK11 3LW, UK
UKHW022029170726
13837UKWH00001B/486